农机优化配置
与智能调度

陈 聪 曹光乔 等 著

U0349109

中国农业科学技术出版社

图书在版编目（CIP）数据

农机优化配置与智能调度／陈聪等著．--北京：
中国农业科学技术出版社，2021.12
ISBN 978-7-5116-5623-0

Ⅰ.①农…　Ⅱ.①陈…　Ⅲ.①农业机械　Ⅳ.
①S220.7

中国版本图书馆 CIP 数据核字（2021）第 258527 号

责任编辑	申　艳　姚　欢
责任校对	贾海霞
责任印制	姜义伟　王思文

出 版 者	中国农业科学技术出版社
	北京市中关村南大街 12 号　邮编：100081
电　　话	（010）82106636（编辑室）　（010）82109702（发行部）
	（010）82109709（读者服务部）
传　　真	（010）82106636
网　　址	http://www.castp.cn
经 销 者	各地新华书店
印 刷 者	北京建宏印刷有限公司
开　　本	170 mm×240 mm　1/16
印　　张	11
字　　数	305 千字
版　　次	2021 年 12 月第 1 版　2021 年 12 月第 1 次印刷
定　　价	88.00 元

《农机优化配置与智能调度》
著者名单

陈　聪　曹光乔　王桂民　李亦白
张庆凯　南　风

前　言

　　农机服务业蓬勃发展是解决我国小农户和大农机矛盾的重大制度安排，是有效保障粮食连续增产、繁荣农业农村经济的重要产业。"大国小农"的基本国情农情，小规模家庭经营，必须依靠农机社会化服务。当前，农机服务市场存在作业管理粗放、单机效益不高等问题，科学合理的农机调度配置是提高农机利用效率的重要前提。但现有农机调度与配置平台系统，多简单地从时空特征角度开展研究，无法完全适应我国特殊农情。

　　为了更好总结农机优化配置和智能调度方法，进一步推动农机运维管理智能化，著作撰写了《农机优化配置与智能调度》一书。本书主要从以下3个方面开展研究：一是农机选型方法，以家庭农场为研究对象，采用模糊综合评判法构建机器适用性评价指标体系，基于模糊数据隶属度理论将定性问题转换为定量问题，构建农业机器选型模型，计算出最符合家庭农场需要的水稻全程生产机型；二是农机优化配置方法，基于最优化理论，以生产收益与作业社会化服务收益综合最大化为目标，构建农业机器配置模型，通过模型模拟出能满足作业需求且效益最高的机器配置方案；三是农机智能调度与系统开发，面向乡镇区域范围，以拖拉机、植保无人机、联合收割机以及运粮车等农机为对象，开展农机调度方法研究，综合运用改进模拟退火算法、遗传算法等启发式智能算法，优化出区域内农机调度路径，同步开发农机调度系统。

　　本书是著者及其团队成员近年来在农机选型、农机优化配置、农机智能调度等农机运维管理技术领域深入研究和对相关文献进行系统归纳总结的基础上形成的，可为农机科研、管理、推广、教学以及相关农业技术人员提供参考。

　　由于著者水平有限，书中可能存在不足之处，敬请广大读者朋友批评指正。

著　者

2021 年 11 月

目　　录

第一章　概论 ·· 1

1.1　研究意义 ··· 1

1.2　国内外研究现状 ··· 3

  1.2.1　农机调度国内外研究现状 ······························· 3

  1.2.2　农机选型国内外研究现状 ······························· 4

  1.2.3　农机配置国内外研究现状 ······························· 5

1.3　研究思路 ··· 6

第二章　农机选型方法 ··· 7

2.1　选型原则 ··· 7

2.2　模糊综合评判理论 ·· 8

  2.2.1　基本原理 ·· 8

  2.2.2　评判程序 ·· 9

2.3　建立评价指标集 ··· 10

  2.3.1　指标选择 ·· 10

  2.3.2　选择评价机型 ·· 12

  2.3.3　建立评价指标体系 ·· 13

2.4　确定指标权重 ·· 17

  2.4.1　拖拉机评价指标权重体系 ······························· 18

  2.4.2　旋耕机评价指标权重体系 ······························· 18

  2.4.3　铧式犁评价指标权重体系 ······························· 18

  2.4.4　撒肥机评价指标权重体系 ······························· 19

  2.4.5　高地隙植保机评价指标权重体系 ···················· 19

  2.4.6　育秧流水线评价指标权重体系 ······················· 19

  2.4.7　插秧机评价指标权重体系 ······························· 20

  2.4.8　稻麦联合收割机评价指标权重体系 ················· 20

  2.4.9　秸秆还田机评价指标权重体系 ······················· 21

  2.4.10　烘干机评价指标权重体系 ···························· 21

2.5　构建隶属函数 ·· 21

  2.5.1　拖拉机评价指标的隶属函数 ·························· 21

2.5.2　旋耕机评价指标的隶属函数 ················· 23

2.5.3　铧式犁评价指标的隶属函数 ················· 24

2.5.4　撒肥机评价指标的隶属函数 ················· 25

2.5.5　高地隙植保机评价指标的隶属函数 ··········· 25

2.5.6　育秧流水线评价指标的隶属函数 ············· 26

2.5.7　插秧机评价指标的隶属函数 ················· 27

2.5.8　稻麦联合收割机评价指标的隶属函数 ········· 28

2.5.9　秸秆还田机评价指标的隶属函数 ············· 29

2.5.10　烘干机评价指标的隶属函数 ················ 30

2.6　确定机器评价指标值 ···························· 31

2.6.1　确定方法 ································· 31

2.6.2　机器评价指标值结果 ······················ 31

2.7　评价结果分析 ·································· 35

2.7.1　拖拉机 ··································· 35

2.7.2　旋耕机 ··································· 36

2.7.3　铧式犁 ··································· 36

2.7.4　撒肥机 ··································· 37

2.7.5　高地隙植保机 ····························· 37

2.7.6　育秧流水线 ······························· 38

2.7.7　插秧机 ··································· 39

2.7.8　稻麦联合收割机 ··························· 40

2.7.9　秸秆还田机 ······························· 41

2.7.10　烘干机 ·································· 42

2.8　本章小结 ······································ 42

第三章　农机优化配置方法 ···························· 44

3.1　农机配置方法 ·································· 44

3.1.1　配置原则 ································· 44

3.1.2　决策程序 ································· 44

3.2　农机配置约束环境与目标分析 ···················· 45

3.2.1　约束环境 ································· 45

3.2.2　配置目标 ································· 45

3.3　构建模型 ······································ 46

3.3.1　变量选择 ································· 46

3.3.2　目标函数 ································· 47

3.3.3　约束方程 ································· 48

3.4 具体案例 ··· 49
　3.4.1 水稻机械化作业工艺安排 ····································· 49
　3.4.2 作业机具选择 ··· 49
　3.4.3 水稻机收适时性损失系数确定 ······························ 50
　3.4.4 机器关键参数 ··· 50
　3.4.5 设变量、编目标函数与约束方程 ···························· 52
　3.4.6 规划结果 ··· 56
3.5 本章小结 ··· 57
第四章　农机调度信息获取 ··· 59
4.1 农田道路信息 ··· 60
4.2 农田宜机化评价方法与结果 ·· 60
　4.2.1 农田形状 ··· 60
　4.2.2 农田长宽比 ··· 61
　4.2.3 农田面积 ··· 62
　4.2.4 农田高差 ··· 63
　4.2.5 农田道路通达性 ·· 64
　4.2.6 农田利用类别 ·· 65
4.3 机器作业进度信息 ··· 66
　4.3.1 数据采集系统 ·· 66
　4.3.2 割台高度计算方法 ··· 67
　4.3.3 作业面积计算方法 ··· 68
　4.3.4 作业面积算法验证 ··· 70
4.4 讨论 ··· 74
　4.4.1 割台高度数据稳定性 ··· 74
　4.4.2 作业面积测算误差 ··· 74
4.5 甘蓝双侧导航线提取算法 ··· 75
　4.5.1 基于过绿特征的甘蓝双侧导航线提取算法 ················· 75
　4.5.2 基于过红特征的甘蓝双侧导航线提取算法 ················· 77
4.6 甘蓝导航跟踪中心线提取算法 ······································· 79
　4.6.1 基于过绿特征法的甘蓝导航跟踪中心线提取算法 ·········· 79
　4.6.2 基于过红特征法的甘蓝导航跟踪中心线提取算法 ·········· 80
4.7 试验与讨论 ·· 81
　4.7.1 图像获取 ··· 81
　4.7.2 算法步骤 ··· 81
　4.7.3 讨论 ·· 82

4.8　本章小结 ·· 84

第五章　农机调度方法 ······································· 85

5.1　耕播作业机具调度 ······································· 85
　　5.1.1　拖拉机调度模型 ··································· 86
　　5.1.2　目标函数 ··· 86
　　5.1.3　约束条件 ··· 87
　　5.1.4　基于模拟退火算法的调度算法设计 ·············· 87
　　5.1.5　解的二级多段编码 ······························ 88
　　5.1.6　初始解设置 ······································ 88
　　5.1.7　领域产生规则 ···································· 89
　　5.1.8　新解接受概率 ···································· 89
　　5.1.9　温度衰减函数 ···································· 89
　　5.1.10　停止准则 ······································· 90
　　5.1.11　算法流程 ······································· 90
　　5.1.12　算例验证 ······································· 90
　　5.1.13　实例计算结果 ··································· 90
　　5.1.14　算法收敛性 ····································· 92
　　5.1.15　算法稳定性与适应性 ···························· 93
　　5.1.16　结论 ··· 94

5.2　植保无人机调度 ··· 94
　　5.2.1　植保飞防队的调度模式分析 ····················· 94
　　5.2.2　飞防队作业调度算法设计 ······················· 97
　　5.2.3　植保无人机任务分配模型 ······················ 108

5.3　收割机调度 ·· 116
　　5.3.1　收割机作业调度模型的分析与建立 ·············· 116
　　5.3.2　基于模拟退火的农机调度算法设计 ·············· 120
　　5.3.3　算例验证及分析 ································ 123
　　5.3.4　结论 ·· 128

5.4　运粮车调度 ·· 128
　　5.4.1　运粮车与收割机响应模型建立 ·················· 129
　　5.4.2　响应模型建立 ·································· 132
　　5.4.3　运粮车与收割机响应模型解算 ·················· 133
　　5.4.4　目标优化结果 ·································· 135
　　5.4.5　讨论及结论 ···································· 140

第六章　调度系统开发 ……………………………………………………… 142
　6.1　系统的业务流程 …………………………………………………… 142
　6.2　农户操作界面详解 ………………………………………………… 143
　　6.2.1　用户注册 …………………………………………………… 143
　　6.2.2　地块管理 …………………………………………………… 143
　　6.2.3　订单发布 …………………………………………………… 145
　　6.2.4　订单管理 …………………………………………………… 147
　6.3　合作社操作界面详解 ……………………………………………… 149
　　6.3.1　计划管理 …………………………………………………… 149
　　6.3.2　农机管理 …………………………………………………… 151
　　6.3.3　农机手管理 ………………………………………………… 152
　　6.3.4　合作社资料 ………………………………………………… 154
　6.4　农机手操作界面详解 ……………………………………………… 154
　　6.4.1　订单管理 …………………………………………………… 154
　　6.4.2　计划管理 …………………………………………………… 157
　6.5　结论 …………………………………………………………………… 158
参考文献 ……………………………………………………………………… 159

第一章 概论

1.1 研究意义

在 2015 年国务院印发的《中国制造 2025》文件里，在紧抓机遇、制造强国的指导思想下，"农机装备"被列为十大重点发展领域之一，并且将农机智能化作为未来农机发展的方向和重要任务。农业是我国国民经济的基础产业，而农业机械化作为先进生产力的代表对农业事业发展的促进作用极大，一个国家的农业机械化水平对于农业发展水平有直接影响，所以各国都非常重视农业科技人才的培养，大力发展农业机械化。农机服务业蓬勃发展是解决我国小农户和大农机矛盾的重大制度安排，是有效保障粮食连续增产、繁荣农业农村经济的重要产业。"大国小农"的基本国情农情，小规模家庭经营，必须依靠农机社会化服务。近年来，我国农村劳动力结构性短缺问题不断凸显[1]，农机服务业快速发展，成为农业生产主力军，主要农作物生产机械化率从 2003 年的 32.45% 提高到 2019 年的 80%。同时，农机服务业也成为解决农村劳动力就业创业、促进农民增收的重要产业。截至 2019 年，我国农机作业服务组织达到 18.73 万个，农机户 4 229.75 万户，农机从业人员 5 129.65 万人，年经营收入 5 388 亿元，年利润 2 066 亿元，农机服务业总体规模已经超过农业装备制造业[2]。

目前，我国农机服务市场作业管理粗放，单机效益不高。农业生产具有较强的时效性，在有限作业期内完成最大作业面积是从业人员的共同目标。农机服务组织主要通过增加农业装备投入抢占市场，导致我国农机保有量连年快速增长，2001—2019 年我国每万公顷土地拖拉机和收割机投入量分别从 1 080 台增为 2 050 台、从 20 台增为 130 台，同期美国从 270 台降为 260 台、从 40 台降为 20 台[3]。机器投入增加了农机服务组织运营成本，导致效益降低[4]，但农机利用效率却没有提高[5]。机手和农户之间信息不对称，农机无序流动，部分扎堆或部分区域机具供应不足等问题比较突出。科学合理的农机调度配置是提高农机利用效率的重要前提。通过农机调度指导机手按照合理的路径开展作业，能够有效提高农机资源利用效率，并最终提高农户、机手和农机服务组织的收益[6-7]。

现阶段我国农业生产仍是小规模经营的特点，一家一户的生产造成了农机购买量的增多，自 2004 年《中华人民共和国农业机械化促进法》颁布以来，在农机购置补贴政策的拉动下，我国农业机械保有量始终保持高速增长，但随着农机逐渐趋于饱和，盲目购机的问题开始暴露，农机闲置率提升，造成大量的投资浪费。因为农业生产在不同的阶段需要使用不同的农业机械进行作业，导致出现农忙时节高技术农机的供给量不足，而农闲时节农机闲置问题严重。农民存在着只重视耕、种、收等常规农业机械的购置与使用，对于植保机械、中耕机械、产后粮食处理机械没有给予足够的认识与重视，在一定程度上造成了农业机械使用的资源不合理配置[8]。因此，在农业进入规模化经营的时代，农业机器作为最重要的生产资料必须进行科学合理配置，提高单机利用效率，才能降低生产成本，提高农业经营效益。要进一步优化农业生产环境，合理配置高技术农机资源十分重要，这也是我国农业向着科学化发展的必由之路。

近年来，农机主管部门、生产企业、行业协会等相继推出农机直通车、靠谱作业、农机帮、嘀嘀农机等农机作业调度平台，但此类平台更多担负着信息集散地的功能，没有实现作业订单的科学匹配与推送，使原有的"信息荒"变为"信息爆炸"，实用性大打折扣。农机户自发地进行作业，没有有序的调度方案，常出现"有机户有机没活干、无机户有活没机干"的情况。农机作业信息的不完善和不准确，导致农机在时间上和地域上分配不合理；散机太多扰乱了农机作业的秩序[9]。究其原因，我国农田规模小且分散[10]，导致单个订单的作业量很小，市场交易频繁，同时路况、天气、机器可靠性等不确定因素众多[11]，调度方案需要在过程中动态调整，提高供需匹配程度。但是，我国现有农机调度与配置平台系统，多简单地从时空特征角度开展研究，无法完全适应我国特殊农情。农民及农业合作组织的农机与目前出现的农机作业调度平台没有十分契合，在平台及一些系统上，对农机也没有进行合理调度及优化配置，仍然存在农机闲置等浪费资源的情况。农机合理优化调度的方法，仍然需要在平台上进行改进。农机调度与配置方法亟待改进，以提高当前农机调度平台系统的实用性。

合理配置农业机械，是提高农机经营效益的重要措施。在一定范围的农田作业区域内，需要配置多少主机及农机具，是农机经营者必须考虑的问题。购买农机装备之初，必须充分了解当地作物种植面积、有效作业时间以及周边地区农机保有量、作业量情况。配置农机不能只局限于传统种植业领域，还要立足于大农业；不能只局限于农业生产上游环节，还要向农业产业链中下游环节延伸。尽量避免购机的盲目性，防止机械闲置带来的投入损失和资源浪费[12]。

综上所述，研究农机优化配置与智能调度有利于加快农业机械化的发展，是改善农民生产生活状况、提高农业劳动生产率的重要措施，对建设社会主义新农村，促进农业和农村经济全面、协调、可持续发展具有十分重要的意义。

1.2 国内外研究现状

1.2.1 农机调度国内外研究现状

目前国内外对于农业领域的无人机调度研究相对较少，且多集中于农田内的航线规划[13-14]，难以有效给出飞防队调度方案。相关农机调度的研究多集中于作物收获环节，在不同作业场景下，各调度模型所考虑的变量及约束条件存在很大差异。张璠等[15]建立了适用于机主选择的农机调度模型，以作业收益最大作为优化目标，应用基于启发式优先级规则的农机调度算法进行求解，随后针对农机应急调度场景，提出了两种基于优先策略的紧急调度算法，对以作业损失和调度成本为优化目标的调度模型进行了解算。吴才聪等[6]提出带时间窗的多目标农机调度模型，并利用动态规划的思想对模型进行了求解。Edwards 等[16]提出了考虑农田作业条件的农机调度模型，并利用改进的禁忌搜索算法进行求解，该模型适用于多作业环节顺序执行的场景。Thuankaewsing 等[17]以产量最高为优化目标，提出了甘蔗收获机调度模型，该模型以各农田产量最高时段的收获比例作为约束。He 等[18]建立了以作业总时间为优化目标的调度模型，并将各收割机收获时间差异作为约束，且考虑了不同机型、不同农田土壤类型对调度的影响。与农作物收获等作业环节相比，植保作业周期更短，且农田病虫害暴发具有随机性，各个农田侵染状况也存在差异。因此，现有农机调度模型及算法不能直接应用于飞防队作业调度。同时现有研究表明，农机资源调度属于多目标优化问题[19]，但目前研究多将农机资源调度问题转化为单目标优化问题进行求解[15-16]。

针对重大灾难性事故，国内外学者开展了大量的研究，主要集中在物资配送方面。大规模紧急情况下，管理应急资源供应链时出现的问题和挑战与普通商业应用存在显著差异[20-22]。为了能够使政府和管理组织有效地应对此类灾难，必须考虑紧急行动的多重而独特的方面，例如资源的稀缺性和灾难的不确定性[23-25]。此外，减少受灾地区的人员伤亡和死亡人数在很大程度上取决于尽早到达并迅速部署用于紧急行动的资源。未能及时分配足够的资源一直是灾难情况下不利结果的根本原因[26-29]。此外，在紧急情况下必须考虑突发事件，因为在紧急情况下存在多个不确定和不可预测的因素[30]。缺乏历史数据和可能的传播方式，导致很难为该问题设定确切的参数。为了获得更好的响应率，必须考虑的变量包括：关键需求、竞争优先级、时间紧迫性和必要资源分配的可用性。但是，潜在的运输和情况限制阻碍了紧急服务的提供[31-32]。应急调度协调员和决策者经常在自然灾害时做出错误的决定，这是因为他们过度依赖过去的经验，对自己做出无助的决定的能力过分自信，并利用简单的决定启发法[33-34]。在农业生产应急调度方面，未发现相关文献报道。

1.2.2　农机选型国内外研究现状

魏延富等[35]针对 3 种不同播种机在 3 种不同地表覆盖状况下进行田间播种适应性试验，得到了播种质量、种子覆土状况、播种后亮籽情况、机具通过性等技术性指标，综合分析 3 种机具的性价比及各自在不同地块条件下的综合适应性。陈传强等[36]通过对花生联合收割机进行田间试验采集适应性、作业质量、经济效果等方面的指标，综合评比花生联合收割机的优劣。薛振彦[37]通过田间试验对马铃薯收获机的适应性进行评价，试验主要测试伤薯率、损失率、工作效率、用户主观感受等方面的指标，从主观上给出各机型的优劣排序及改进方案。刘晓波和宋娟[38]针对 3 种播种机分别进行了玉米、大豆和花生的田间播种试验，测试了作业质量、作业效率、机器可靠性等方面的指标，然后对比分析各机型的优劣，据此给出播种机的选型方案。

Witney[39]认为农机选型时应对农机装备的作业性能、人体工程学、工作环境、噪声与振动、安全防护性能以及机具价格等信息进行综合分析，这样才能选出更适用的机具。Dewangana 等[40]随机测量了印度东北地区男性农民身高与体重，然后利用人机工程学理论，对印度广泛使用的手扶式农机进行选型，从而使农民能更安全与舒适地使用农机。Robertoes 等[41]随机调查了印尼爪哇与马都拉地区农民的身高、体表面积，然后基于人机工程学理论，从使用方便性与安全性两个方面对手扶式农机进行选型。陈聪和曹光乔[9,42]以农机田间转移的受力情况为基础，利用理论力学中的力与力矩平衡理论分别建立了手扶式插秧机与稻麦联合收割机在梯田间转移的受力模型，计算出在不同坡度条件下，手扶式插秧机与稻麦联合收割机外形尺寸与重量的极限值，从而得到在丘陵山区极端耕地条件下的农机选型方案。王旭和魏清勇[43]以理论公式与实践经验为基础，统筹分析海拔高度、地块大小与垄长、地形坡度、耕作制度、土壤质地、作物结构、土壤压实度对拖拉机作业的影响，确定了黑龙江农垦地区拖拉机的选型方案。梁斌[44]认为插秧机的选型须在严格遵从使用条件的前提下，再考虑性价比优势。夏晓东[45]在相似理论与模型试验理论的基础上，运用正交试验设计方法进行试验，然后利用多元线性回归分析法估计出相似物理模型，确定不同土壤条件下选配刚性轮的经验方案。在此基础上，黄海波[46]通过对相似函数和数理统计中独立作用和交互作用函数形式的分析，提出了借助少量试验、辅之统计分析合理选择主要参量和有量纲常数的一般原则和方法。陆贵清等[47]剖析近年来湖州的油菜生产现状及机械化生产所存在的问题，并结合多年农机技术推广经验对目前常用的几种油菜栽植机械进行性能与作业适应性分析，提出合适的油菜栽植机械选型。杨国军和王强[48]根据丘陵地区的地理环境和气候条件的实际，对收获机械的品牌、机型、功率、喂入方式和行走装置类型等主要技术参数进行对比分析，给出丘陵地区稻麦联合收割机的选型建议。

1.2.3　农机配置国内外研究现状

胡义心[49]以宁夏地区家庭农场劳动力数量为依据,根据经验提出了适合家庭农场的玉米生产机器配置方案。乔西铭[50]利用机组生产率法确定拖拉机的配置量。徐秀英[51]以经营规模和农业机械单机生产能力为依据提出了南方家庭农场农机配置的思路。曹兆熊[52]根据动力机械与作业机具配套经验比,提出了沿海滩涂的农业机器配套方案。杨宛章[53]提出"农机装备配置合理度"和"适宜农机装备占有率"的经验公式,用于指导农机装备机构优化。邓习树和李自光[54]通过总作业量、机组生产率以及可作业天数来确定机组配置量。张宗毅和曹光乔[55]利用数据包络法测算出农机效率,以效率寻找农机装备结构中存在的问题,从而提出优化方向。樊国奇等[56]以作业量和机器效率为依据,对不同生态环境烟叶生产全程机械化农机进行了优化配置。刘树鹏[57]利用层次分析法提出了农机优化配置的思路。

Hunt[58]最早提出了以最小成本为目标的农机线性规划法。线性规划法综合考虑了作业时间、作业量、机器生产率及适时性损失等因素,因而能取得较为满意的配置结果[59]。天气的变化及其引起的土壤变化,使得机器配置结果的准确性难以保障[60]。现有关于农机系统优化的文献中应用天气变量的研究不多,部分以年为单位进行静态预估[61-62]。Whitson等[63]在考虑天气条件情况下,运用线性规范法对得克萨斯州某农场粮食作物生产机器系统进行优化配置。张威等[64]采用线性规划法建立以最小成本为目标函数、作业量和作业机时为约束条件的数学模型。潘迪和陈聪[65]则提出了基于整数线性规划的农机系统优化配置模型。Edwards等[16]针对智能农机的快速普及,提出传统农机经营规划必须补充新的规划,如路径规划和有序的任务调度。

Sogaard和Sorensen[66]提出了一个非线性规划模型,该模型综合考虑了固定成本及所有可变成本。马力等[67]在非线性规划的基础上提出了整数非线性规划的农机系统优化配置模型。Reet和Jüri[68]在线性规划法的基础上,构建了非线性随机模型,可帮助农户提高适收期预测的准确度。Chenarbon等[69]应用非线性规划估计了拖拉机的最经济使用寿命。曹锐[70-71]在农业适时性损失模型的基础上,分别考虑了一次、二次作物产量函数,提出了不同产量函数下适时作业期限合理延迟天数的确定方法,以及依据作物产量函数计算适时性损失的方法。王金武[72]、王金武和杨广林[73]利用该方法测算了东北地区水稻机械化作业的适时性损失。在此基础上,乔金友等[74]提出了农田最佳作业期的合理分布。张璠等[9]应用线性规划法构建了农机调度模型,设计了基于启发式优先级规则的农机调度算法。还有部分文献在农机优化配置理论基础上开发了决策支持系统[75-76]。徐诗阳[77]基于多 Agent 开发了农机系统控制模型，可进行仿真分析。

1.3　研究思路

　　本书以提高农机生产管理效率为目标，从"农机选型–农机优化配置–农机调度"3 个维度开展研究，通过农机科学选型为某一区域某一产业耕、种、管、收作业环节选择经济、适用、可靠的全程生产装备型号；通过农机优化配置为区域内具有一定经营规模的主体确定科学的装备结构，使农机资源利用效率最大化；通过农机智能调度为该经营主体在耕、种、管、收等作业环节制订科学的生产计划和作业路径，使农机生产成本最小化，并在此基础上开发农机调度应用程序（App）。

第二章　农机选型方法

我国农业产区分布范围广，不同地区的栽培制度、地形条件、社会经济概况等都存在较大的差异，适用的机器也不同，因此，对机器进行科学选型是机器系统优化的前提。本章以家庭农场为研究对象，采用模糊综合评判法构建机器适用性评价指标体系，基于模糊数据隶属度理论将定性问题转换为定量问题，构建农业机器选型模型，计算出最符合家庭农场需要的水稻全程生产机型。

2.1　选型原则

（1）适用性原则　水稻农机的适用性是指农机必须适应水田环境、水稻农艺特性，不同的作业环境、品种、种植制度等对农业机器的需求不同。如拖拉机、联合收割机、自走式植保机等需要考虑机型在水田中可否灵便地掉头转弯，在泥脚较深的水田中是否会下陷；耕整地、施肥、植保、种植等生产环节的作业质量能否达到水稻生长发育要求，收获与干燥的损失率是否会超标等。所以，在机器选型时必须严格遵循适用性原则，选用能适应当地农田条件、农艺特性的机型。

（2）经济性原则　农业机械化的根本目的是替代人工作业、提高作业效率、降低生产成本、实现增产增收。在机器选型时，应综合考虑机器的购机成本、使用成本、维护保养成本与作业收益等因素，达到经济最优的目的，不能单纯地为了减小购机成本而选择效率低下的机器，也不能为追求效率而不计投入成本。应根据实际条件选择经济效益最优的机型。

（3）可靠性原则　农业机器使用地多在偏远农村，售后服务、配件供应等都难以做到及时有效；使用人员多为农民，没有掌握熟练的驾驶操作技术和维修保养技能；农业机器作业环境相对复杂，更容易出现突发情况和故障。农业生产时间高度集中，机器的抢收抢种任务繁重。因此，机器选型时，必须要优先选择可靠性高的机器，避免因机器故障耽误农时而造成重大损失。

（4）舒适性原则　露天作业饱受风吹日晒雨淋，尤其是三夏三秋农忙时节，气温高、日照强，驾驶人员在恶劣的环境下持续高强度作业，容易出现中暑、疲劳驾驶等引发安全事故的情况，同时农业机器运转时噪声污染、粉尘污染严重，长时间暴露易引发身体健康问题。因此，机器选型时必须坚持以人为本，选择舒适性较高的机型，保障劳动者的生命健康安全。

2.2 模糊综合评判理论

模糊综合评判法，是一种基于模糊数学基本理论，将边界不明、定性模糊的评价指标进行定量化，利用模糊推理对"模糊性"问题进行综合评价分析的方法，具有定量与定性、精确与非精确的综合属性。该方法属于综合评价法，在综合评价受多因素影响的问题或具体事务时，评价指标中包含了模糊性因素，因此该方法被称为模糊综合评判法。可视评价事务或问题的复杂程度，采用一级评判、二级评判或多级评判。

2.2.1 基本原理

模糊综合评判法可对"模糊性"问题进行研判，改变了传统判别思维中认为任何事务只有"是"与"非"两个选择，将"非此即彼"绝对理念扩展为更加灵活的"亦此亦彼"模糊理念，评价结果由只能在 0 或 1 两个绝对值中选择扩展到可以在 [0, 1] 区间上取值。根据模糊理论，设定两个有限论域：

$$U = \{u_1, u_2, \cdots, u_n\} \tag{2-1}$$
$$V = \{v_1, v_2, \cdots, v_m\} \tag{2-2}$$

式中，U——影响农业机器选型的评价指标集；

　　　V——农业机器备机型评价集。

设定评价指标集中第 i（$i = 1, 2, \cdots, n$）个评价指标为 u_i，其对应评价集的指标特征值集合为 $R_i = [r_{i1}, r_{i2}, \cdots, r_{im}]$，则 n 个评价指标的 m 个特征值组成矩阵 R 为：

$$R = \begin{bmatrix} R_1 \\ R_2 \\ \vdots \\ R_n \end{bmatrix} = \begin{bmatrix} r_{11} & r_{12} & \cdots & r_{1m} \\ r_{21} & r_{22} & \cdots & r_{2m} \\ \vdots & \vdots & & \vdots \\ r_{n1} & r_{n2} & \cdots & r_{nm} \end{bmatrix} \tag{2-3}$$

各因素存在不同量纲，为了方便比较，对隶属度矩阵 R 中同指标评判结果进行归一化处理，即

$$r_{ij}^o = \frac{r_{ij}}{\sum\limits_{j=1}^{m} r_{ij}} \tag{2-4}$$

显然，$\sum\limits_{j=1}^{m} r_{ij}^o = 1$。

由此，可得评价指标集 U 到评价集 V 上的隶属关系 R^o 为：

$$R^o = \begin{bmatrix} R_1^o \\ R_2^o \\ \vdots \\ R_n^o \end{bmatrix} = \begin{bmatrix} r_{11}^o & r_{12}^o & \cdots & r_{1m}^o \\ r_{21}^o & r_{22}^o & \cdots & r_{2m}^o \\ \vdots & \vdots & & \vdots \\ r_{n1}^o & r_{n2}^o & \cdots & r_{nm}^o \end{bmatrix} \qquad (2-5)$$

各评价指标对农业机器选型的重要程度存在差异，因此需对评价指标集 U 中各指标赋予权重，设 u_i 的权重为 a_i（$i=1,2,\cdots,n$），则评价指标集的权向量 A 为：

$$A = [a_1, a_2, \cdots, a_n] \qquad (2-6)$$

$$\begin{cases} a_i \leqslant 1 \\ \sum_{i=1}^{n} a_i = 1 \end{cases} \qquad (2-7)$$

通过模糊变化中的合成运算得到评价集 V 隶属度矩阵 B：

$$B = A \cdot R^o = [b_1, b_2, \cdots, b_m] \qquad (2-8)$$

式中，b_i（$i=1,2,\cdots,m$）——各评价机型的隶属度。

隶属度越大，对应的机器综合适用性越高，因此，按照机型隶属度的大小确定机器选型的优先顺序。

2.2.2 评判程序

（1）确定评价指标，建立评价指标集 评价指标是对水稻农机进行评定的基础，因此必须先科学确定拟评机器的评价指标，建立评价指标集。

（2）确定评价指标权重 指标权重是对各评价指标在决策水稻农机选型时重要程度的反映。合理的指标权重对于评价结果的准确性至关重要，本节通过行业内知识渊博、经验丰富的专家进行打分，利用德尔菲法计算确定。

（3）构建评价指标的隶属函数 各指标值具有不同量纲，因此直接进行比较没有任何意义，必须基于模糊数学理论，构建评价指标的隶属函数，将各评价因素指标值转化为在 [0, 1] 的取值，然后建立隶属关系矩阵，才能进行综合评价。

（4）确定指标值，计算隶属度 拟评机器各评价指标的值不同，必须通过调查、试验等方法确定指标值，利用隶属函数计算拟评机器各指标的隶属度，综合得到评价结果。

（5）评价结果分析 利用最大隶属度法，分析得到的评价结果，隶属度最大对应的机器即为最适合的机型。

2.3 建立评价指标集

据农业行业标准《农业机械适用性评价通则》（NY/T 2846—2015）以及《农业机械先进性评价一般方法》（NY/T 1931—2010），选择通过性能、作业性能、经济性、可靠性、舒适性作为水稻农机的选型指标（图2-1）。

通过性能指机器在耕地中行走的顺畅程度，主要包括转弯的灵便性以及直线行走动力的强劲性；作业性能指机器作业质量；经济性指机器为农机户带来的效益，包括作业效率与成本等；可靠性指机器连续无故障作业的能力；舒适性指机手驾驶方便性与体感方便性。

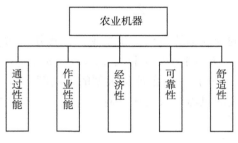

图 2-1 农业机器指标集

2.3.1 指标选择

（1）通过性能 通过性能用最小转向半径（R）来衡量。机器的转向半径越小，其灵活性越高。

假设从转向轴线到机器纵向对称平面的距离为R，称为机器的转向半径。O_T代表轴线O在车辆纵向对称平面上的投影，O_T的运动速度v代表车辆转向时的平均速度（图2-2）。车辆的转向角速度ω为：$\omega = v/R$。转向时，机体上任一点都绕转向轴线O作回转，其速度为该点距轴线O的距离和角速度ω的乘积。所以慢、快速侧车轮的速度v_1和v_2分别为：

$$v_1 = \omega(R - 0.5B) = v - 0.5\omega B \qquad (2-9)$$

$$v_2 = \omega(R + 0.5B) = v + 0.5\omega B \qquad (2-10)$$

式中，B——车辆轮距。

机器转向时，一般会一边车轮驱动，另一边车轮制动。机具的最小转向半径须满足机具的宽度、长度的要求。

$$R_{min} = \frac{1}{2}\sqrt{b^2 + l^2} \qquad (2-11)$$

式中，R_{min}——机具的最小转向半径，m；

　　b——机具宽度，m；

　　l——机具长度，m。

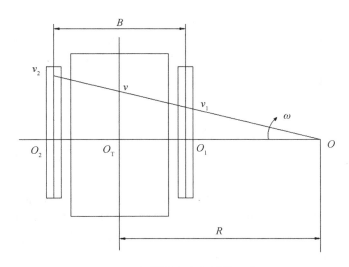

图 2-2　机器转向半径计算示意图

　　（2）作业性能　作业性能用机器的作业质量来衡量，每个作业环节与技术对应的作业质量不同，具体包括如下 11 个方面。

　　①动力机械。动力机械不直接作业，只为耕整地、施肥等作业提供动力，其作业性能用发动力的额定功率（P）来表示。

　　②耕整地机械化。耕整地机械化用耕深（H）、耕深稳定性（GS）、碎土率（ST）来表示。

　　③机械化施肥。机械化施肥用撒肥均匀度（SF）来表示。

　　④机械化植保。机械化植保用药液覆盖率（YF）表示，即水稻叶面上覆盖药液的面积占总面积的百分比。

　　⑤育秧流水线。育秧流水线用播种均匀度（BZ）来表示。

　　⑥插秧机。插秧机用飘秧率（PY）和漏插率（LC）来表示。

　　⑦机械化收获。机械化收获用收获损失率（S）来表示，即在水稻收获过程中，割台碰撞掉落损失、夹带损失与清选损失之和占总产量的百分比。

　　⑧机械化秸秆还田。机械化秸秆还田用切碎长度合格率（QS）和抛撒均匀度（PS）来表示。

　　⑨烘干。烘干用干燥均匀度（GJ）和含水率（HS）来表示。

　　⑩经济性。机器的经济性用年均占用资金成本（ZJ）、理论作业效率（XL）和油耗（Y）来表示。

年均占用资金成本：设机器购机成本为 C，使用年限为 SN，机器残值为 CZ，银行存款利率为 X，则机器年均占用资金成本可用式（2-12）表示。

$$ZJ = \frac{C - CZ}{SN} + C(1 + X)^{SN} - C \tag{2-12}$$

理论作业效率：动力机器与烘干机不考虑该因素，设机器作业速度为 V，作业幅宽为 FK，则机器的理论作业效率可用式（2-13）表示，农具则用作业幅宽替代作业效率，育秧流水线理论作业效率用式（2-14）表示。

$$XL = V \times FK \tag{2-13}$$

$$XL = \frac{V}{FK} \tag{2-14}$$

油耗：油耗（YH）指机器完成单位作业面积消耗的油量，烘干机则用能耗（NH）替代。

⑪可靠性与舒适性。可靠性用平均无故障时间（MT）来衡量，撒肥机的可靠性用平均首次故障前作业面积（MS）来衡量，育秧流水线与烘干机的可靠性用有效度（YX）来衡量。舒适性用有有无驾驶室（JS）、有无空调（KT）、换挡功能（HD）、转向灵便性（ZX）来衡量。

平均无故障工作时间：平均无故障工作时间用机器能连续正常工作的平均时间来表示。

有无驾驶室：机器有无驾驶室是指机器是否配置了封闭式的驾驶室，不包括简易的遮阳棚。

有无空调：机器有无空调是指机器是否配置了具有冷暖条件的空调。

换挡功能：有无动力换挡功能。

转向灵便性：有无液压转向功能。

2.3.2 选择评价机型

水稻全程机械化生产环节包括耕、种、管、收、秸秆处理和干燥，涉及的机器种类有拖拉机、旋耕机、铧式犁、施肥机、高地隙植保机、育秧流水线、插秧机、稻麦联合收割机、秸秆还田机、烘干机，市场上可供选择的机械非常多，本书每类机器各筛选出市场保有量较大且适合规模化经营主体的 5 种代表机型进行评价分析（表 2-1）。

表 2-1 各类机器参加评价的机型

机器种类	机型 1	机型 2	机型 3	机型 4	机型 5
拖拉机	东方红 1104	John Deere804	纽荷兰 700	久保田 M954KQ	欧豹 M904

（续表）

机器种类	机型1	机型2	机型3	机型4	机型5
旋耕机	神耕 1GND-200	东方红 1GM-210	豪丰 1GQN-230	沃得 1GKN-200	港旋 1GQN-230
铧式犁	东金 1LS-527	荣宇 1LS-620	沃尔 1LS-527	汉美 1LS-635	融拓北方 1LS-627
撒肥机	世达尔 2FS-600	阿玛松 ZA-X1000	伊诺罗斯 SP-500	美诺 1500	格兰 EXACTA CL 1100
高地隙植保机	东风 3WP-500	埃森 SWAN3 WP-500	雷沃 3WP-500	永佳 3WSH-1000	华盛泰山 3WPG-600
育秧流水线	东风井关 THK-3017KC	绿穗 2BX-580	云马 2BLY-280B	矢崎 SYS-550C	久保田 2BZP-800
插秧机	井关 PZ60G	洋马 VP9D	久保田 2ZGQ-6G2	沃得 2ZGF-6A	富来威 2ZG-6DK
稻麦联合收割机	沃得 4LZ-6.0K	谷神 RG25	久保田 4LZ-2.5	久保田 4LBZ-172B	谷王 PL30
秸秆还田机	开元王 1JQ-165	豪丰 4J-165	旄牛 4J150	开元刀神 1JH-150	东方红 1JH-180
烘干机	三久 NEW PRO-120H	金锡 JX5HM-10.0	一鸣 5HS200-200D	雷沃 5HXW0210	天禹 5HXG-120

2.3.3 建立评价指标体系

农具只是作为拖拉机的配套作业机械，本身无自走能力。因此，通过性能与舒适性不作为所有农具的评价依据。

（1）拖拉机评价指标体系 在指标筛选的基础上，建立拖拉机评价指标体系（表2-2）。

表2-2 拖拉机评价指标体系

一级指标	二级指标
通过性能	转向半径
作业性能	额定功率
经济性	年均占用资金成本
	油耗
可靠性	平均无故障时间

（续表）

一级指标	二级指标
舒适性	有无驾驶室
	有无空调
	换挡功能
	转向灵便性

（2）旋耕机评价指标体系　在指标筛选的基础上，建立旋耕机评价指标体系（表2-3）。

表2-3　旋耕机评价指标体系

一级指标	二级指标
作业性能	耕深
	耕深稳定性
	碎土率
经济性	年均占用资金成本
	作业幅宽
可靠性	平均无故障时间

（3）铧式犁评价指标体系　铧式犁的故障主要是犁铧磨损，平均无故障时间对机器选型基本没有太大影响，因此，不再考核可靠性指标。在指标筛选的基础上，建立铧式犁评价指标体系（表2-4）。

表2-4　铧式犁评价指标体系

一级指标	二级指标
作业性能	耕深
	耕深稳定性
经济性	年均占用资金成本
	作业幅宽

（4）撒肥机评价指标体系　在指标筛选的基础上，建立撒肥机评价指标体系（表2-5）。

表 2-5 撒肥机评价指标体系

一级指标	二级指标
作业性能	撒肥均匀度
经济性	年均占用资金成本
	作业幅宽
可靠性	平均首次故障前作业面积

（5）高地隙植保机评价指标体系 在指标筛选的基础上，建立高地隙植保机评价指标体系（表2-6）。

表 2-6 高地隙植保机评价指标体系

一级指标	二级指标
通过性能	转向半径
作业性能	药液覆盖率
经济性	年均占用资金成本
	理论作业效率
	油耗
可靠性	平均无故障时间
舒适性	有无驾驶室
	有无空调
	转向灵便性

（6）育秧流水线评价指标体系 在指标筛选的基础上，建立育秧流水线评价指标体系（表2-7）。

表 2-7 育秧流水线评价指标体系

一级指标	二级指标
作业性能	播种均匀度
经济性	年均占用资金成本
	理论作业效率
可靠性	有效度

（7）插秧机评价指标体系 在指标筛选的基础上，建立插秧机评价指标体系（表2-8）。

表 2-8　插秧机评价指标体系

一级指标	二级指标
通过性能	转向半径
作业性能	飘秧率
	漏插率
经济性	年均占用资金成本
	理论作业效率
	油耗
可靠性	平均无故障时间
舒适性	有无驾驶室
	有无空调
	转向灵便性

（8）稻麦联合收割机评价指标体系　在指标筛选的基础上，建立稻麦联合收割机评价指标体系（表2-9）。

表 2-9　稻麦联合收割机评价指标体系

一级指标	二级指标
通过性能	转向半径
作业性能	损失率
经济性	年均占用资金成本
	理论作业效率
	油耗
可靠性	平均无故障时间
舒适性	有无驾驶室
	有无空调
	换挡功能
	转向灵便性

（9）秸秆还田机评价指标体系　在指标筛选的基础上，建立秸秆还田机评价指标体系（表2-10）。

表 2-10　秸秆还田机评价指标体系

一级指标	二级指标
作业性能	切碎长度合格率
	抛撒均匀度

（续表）

一级指标	二级指标
经济性	年均占用资金成本
	作业幅宽
可靠性	平均无故障时间

（10）烘干机评价指标体系　在指标筛选的基础上，建立烘干机评价指标体系（表2-11）。

表2-11　烘干机评价指标体系

一级指标	二级指标
作业性能	含水率
	干燥均匀度
经济性	年均占用资金成本
	能耗
可靠性	有效度

2.4　确定指标权重

利用德尔菲专家打分法，通过邮件的方式，匿名邀请高等院校、科研院所、农机推广机构等有丰富工作经验的 10 位专家对本书提出的 9 套指标体系一级、二级指标进行打分，其中农业院校教授 3 名、农业科研院所 4 名、农机推广机构高级工程师 3 名。打分以评价指标对机器选型的重要程度为依据（表2-12）。

表2-12　专家打分对照标准

重要程度	分值标准	重要程度	分值标准
没影响	1	重要	4
不重要	2	非常重要	5
比较重要	3		

一级评价指标 u_i 得到分值 x_{ij}（$j=1$，2，…，10），则 u_i 的权重系数 a_i 可由式（2-15）计算得出。

$$a_i = \frac{x_{ij}}{\sum_{j=1}^{10} x_{ij}} \quad\quad\quad (2-15)$$

同理计算得到所有二级指标的权重系数。

据此，得到所有类别机器的权重系数，为便于应用，所有权重保留小数后 1 位，建立权重体系。

2.4.1 拖拉机评价指标权重体系

通过德尔菲法得到拖拉机各评价指标的权重（表2-13）。

表 2-13 拖拉机评价指标权重体系

一级指标	权重	二级指标	权重
通过性能	0.1	转向半径	1.0
作业性能	0.3	额定功率	1.0
经济性	0.3	年均占用资金成本	0.6
		油耗	0.4
可靠性	0.2	平均无故障时间	1.0
舒适性	0.1	有无驾驶室	0.1
		有无空调	0.1
		换挡功能	0.4
		转向灵便性	0.4

2.4.2 旋耕机评价指标权重体系

通过德尔菲法得到旋耕机各评价指标的权重（表2-14）。

表 2-14 旋耕机评价指标权重体系

一级指标	权重	二级指标	权重
作业性能	0.3	耕深	0.4
		耕深稳定性	0.3
		碎土率	0.3
经济性	0.3	年均占用资金成本	0.5
		作业幅宽	0.5
可靠性	0.4	平均无故障时间	1.0

2.4.3 铧式犁评价指标权重体系

通过德尔菲法得到铧式犁各评价指标的权重（表2-15）。

表2-15 铧式犁评价指标权重体系

一级指标	权重	二级指标	权重
作业性能	0.4	耕深	0.6
		耕深稳定性	0.4
经济性	0.6	年均占用资金成本	0.5
		作业幅宽	0.5

2.4.4 撒肥机评价指标权重体系

通过德尔菲法得到撒肥机各评价指标的权重（表2-16）。

表2-16 撒肥机评价指标权重体系

一级指标	权重	二级指标	权重
作业性能	0.2	撒肥均匀度	1.0
经济性	0.5	年均占用资金成本	0.5
		作业幅宽	0.5
可靠性	0.3	平均首次故障前作业面积	1.0

2.4.5 高地隙植保机评价指标权重体系

通过德尔菲法得到高地隙植保机各评价指标的权重（表2-17）。

表2-17 高地隙植保机评价指标权重体系

一级指标	权重	二级指标	权重
通过性能	0.1	转向半径	1.0
作业性能	0.3	药液覆盖率	1.0
经济性	0.3	年均占用资金成本	0.4
		理论作业效率	0.4
		油耗	0.2
可靠性	0.2	平均无故障时间	1.0
舒适性	0.1	有无驾驶室	0.3
		有无空调	0.1
		转向灵便性	0.6

2.4.6 育秧流水线评价指标权重体系

通过德尔菲法得到育秧流水线各评价指标的权重（表2-18）。

表 2-18　育秧流水线评价指标权重体系

一级指标	权重	二级指标	权重
作业性能	0.4	播种均匀度	1.0
经济性	0.3	年均占用资金成本	0.5
		理论作业效率	0.5
可靠性	0.3	有效度	1.0

2.4.7　插秧机评价指标权重体系

通过德尔菲法得到插秧机评价指标的权重（表 2-19）。

表 2-19　插秧机评价指标权重体系

一级指标	权重	二级指标	权重
通过性能	0.1	转向半径	1.0
作业性能	0.2	飘秧率	0.5
		漏插率	0.5
经济性	0.3	年均占用资金成本	0.4
		理论作业效率	0.4
		油耗	0.2
可靠性	0.3	平均无故障时间	1.0
舒适性	0.1	有无驾驶室	0.1
		有无空调	0.1
		转向灵便性	0.8

2.4.8　稻麦联合收割机评价指标权重体系

通过德尔菲法得到稻麦联合收割机各评价指标的权重（表 2-20）。

表 2-20　稻麦联合收割机评价指标权重体系

一级指标	权重	二级指标	权重
通过性能	0.1	转向半径	0.7
作业性能	0.2	损失率	1.0
经济性	0.3	年均占用资金成本	0.3
		理论作业效率	0.5
		油耗	0.2
可靠性	0.2	平均无故障时间	1.0

（续表）

一级指标	权重	二级指标	权重
舒适性	0.2	有无驾驶室	0.2
		有无空调	0.1
		换挡功能	0.3
		转向灵便性	0.4

2.4.9　秸秆还田机评价指标权重体系

通过德尔菲法得到秸秆还田机各评价指标的权重（表2-21）。

表2-21　秸秆还田机指标权重体系

一级指标	权重	二级指标	权重
作业性能	0.4	切碎长度合格率	0.5
		抛撒均匀度	0.5
经济性	0.3	年均占用资金成本	0.5
		作业幅宽	0.5
可靠性	0.3	平均无故障时间	1.0

2.4.10　烘干机评价指标权重体系

通过德尔菲法得到烘干机各评价指标的权重（表2-22）。

表2-22　烘干机评价指标权重体系

一级指标	权重	二级指标	权重
作业性能	0.2	含水率	0.4
		干燥均匀度	0.6
经济性	0.5	年均占用资金成本	0.5
		能耗	0.5
可靠性	0.3	有效度	1.0

2.5　构建隶属函数

2.5.1　拖拉机评价指标的隶属函数

（1）转向半径　按照行业标准，拖拉机可分为大型、中型、小型3类。当前，江苏地区规模化经营主体选择的都是大中型拖拉机，机器长度都大于2 m。

因此，转向半径（R）的隶属函数可用式（2-16）表示。

$$R(x) = \begin{cases} 1, & x \leqslant 2 \\ e^{2-x}, & x > 2 \end{cases} \tag{2-16}$$

（2）额定功率　大中型拖拉机的额定功率都大于 14.7 kW，但水田拖拉机的功率一般不超过 110.3 kW。因此，额定功率（P）的隶属函数可用式（2-17）表示。

$$P(x) = \begin{cases} 0, & x < 14.7 \\ \dfrac{x - 14.7}{95.6}, & 14.7 \leqslant x < 110.3 \\ 1, & x \geqslant 110.3 \end{cases} \tag{2-17}$$

（3）年均占用资金成本　拖拉机市场价格完全按照市场行为操作，因此本书不对价格上限做限制，但成本绝对大于 0 万元。因此，年均占用资金成本（ZJ）的隶属函数可用式（2-18）表示。

$$ZJ(x) = \begin{cases} 1, & x \leqslant 0 \\ e^{-x}, & x > 0 \end{cases} \tag{2-18}$$

（4）油耗　拖拉机发动机都是柴油发动机，能源利用效率为 25%~35%，按照柴油的热值为 3.3×10^7 J/kg，柴油的密度为 0.83~0.85 kg/L，发动机的动力分布为 14.7 ~ 110.3 kW，可计算出拖拉机满负荷作业时的油耗为 $\left[\dfrac{14\,700\,\text{W}\times3\,600\,\text{s}}{3.3\times10^7\,\text{J/kg}\times35\%\times0.85\,\text{kg/L}}, \dfrac{110\,300\,\text{W}\times3\,600\,\text{s}}{3.3\times10^7\,\text{J/kg}\times25\%\times0.83\,\text{kg/L}}\right]$ = [5 L，58 L]。因此，油耗（YH）的隶属函数可用式（2-19）表示。

$$YH(x) = \begin{cases} 1, & x \leqslant 5 \\ \dfrac{58 - x}{53}, & 5 < x \leqslant 58 \\ 0, & x > 58 \end{cases} \tag{2-19}$$

（5）平均无故障时间　根据《手扶拖拉机　通用技术条件》（GB/T 13875—2004）规定，拖拉机平均无故障时间应不小于 210 h，一般拖拉机作业 1 000 h 机器性能会下降，必须进行保养与检修，拖拉机平均无故障时间不会超过 1 000 h。因此，平均无故障时间（MT）隶属函数可用式（2-20）表示。

$$MT(x) = \begin{cases} 0, & x \leqslant 210 \\ \dfrac{x - 210}{790}, & 210 < x \leqslant 1\,000 \\ 1, & x > 1\,000 \end{cases} \tag{2-20}$$

（6）有无驾驶室　设拖拉机有驾驶室时，$x=1$；无驾驶室时，$x\neq1$。因此，有无驾驶室（JS）的隶属函数可用式（2-21）表示。

$$JS(x) = \begin{cases} 1, & x = 1 \\ 0, & x \neq 1 \end{cases} \quad (2-21)$$

（7）有无空调 设拖拉机有空调时，$x=1$；无空调时，$x\neq1$。因此，有无空调（KT）的隶属函数可用式（2-22）表示。

$$KT(x) = \begin{cases} 1, & x = 1 \\ 0, & x \neq 1 \end{cases} \quad (2-22)$$

（8）换段功能 设拖拉机有动力换挡功能时，$x=1$；无动力换挡功能时，$x\neq1$。因此，换挡功能（HD）的隶属函数可用式（2-23）表示。

$$HD(x) = \begin{cases} 1, & x = 1 \\ 0, & x \neq 1 \end{cases} \quad (2-23)$$

（9）转向灵便性 设拖拉机有液压转向时，$x=1$；无液压转向时，$x\neq1$。因此，转向灵便性（ZX）的隶属函数可用式（2-24）表示。

$$ZX(x) = \begin{cases} 1, & x = 1 \\ 0, & x \neq 1 \end{cases} \quad (2-24)$$

2.5.2 旋耕机评价指标的隶属函数

（1）耕深 《旋耕机》（GB/T 5668—2008）规定，旋耕机耕深不能小于 10 cm，刀辊的最大回转半径不超过 30 cm。因此，耕深（H）的隶属函数可用式（2-25）表示。

$$H(x) = \begin{cases} 0, & x < 10 \\ \dfrac{x-10}{20}, & 10 \leqslant x < 30 \\ 1, & x \geqslant 30 \end{cases} \quad (2-25)$$

（2）耕深稳定性 《旋耕机作业质量》（NY/T 499—2002）规定，旋耕机耕深合格率不能小于 80%。因此，耕深稳定性（GS）的隶属函数可用式（2-26）表示。

$$GS(x) = \begin{cases} 0, & x \leqslant 0.8 \\ \dfrac{x-0.8}{0.2}, & 0.8 < x \leqslant 1 \\ 1, & x > 1 \end{cases} \quad (2-26)$$

（3）碎土率 《旋耕机》（GB/T 5668—2008）规定，旋耕机作业后碎土率不能小于 50%。因此，碎土率（ST）的隶属函数可用式（2-27）表示。

$$ST(x) = \begin{cases} 0, & x \leqslant 0.5 \\ \dfrac{x-0.5}{0.5}, & 0.5 < x \leqslant 1 \\ 1, & x > 1 \end{cases} \quad (2-27)$$

（4）年均占用资金成本　旋耕机年均资金占用成本同样用式（2-18）表示。

（5）作业幅宽　《旋耕机》（GB/T 5668—2008）规定，旋耕机作业幅宽为 0.75~3 m。因此，作业幅宽（FK）的隶属函数可用式（2-28）表示。

$$FK(x) = \begin{cases} 0, & x < 0.75 \\ \dfrac{x - 0.75}{2.25}, & 0.75 \leqslant x < 3 \\ 1, & x \geqslant 3 \end{cases} \tag{2-28}$$

（6）平均无故障时间　旋耕机鉴定要求规定，旋耕机平均无故障时间不应小于 185 h。因此，旋耕机平均无故障时间（MT）的隶属函数可用式（2-29）表示。

$$MT(x) = \begin{cases} 0, & x < 185 \\ 1 - \exp\left(\dfrac{185 - x}{185}\right), & x \geqslant 185 \end{cases} \tag{2-29}$$

2.5.3　铧式犁评价指标的隶属函数

（1）耕深　农业农村部发布的《水稻全程机械化生产技术指导意见》（农办机〔2013〕43号）提出，水田泥脚深度不应大于 30 cm，翻耕深度应不小于 18 cm。因此，铧式犁的耕深（H）隶属函数可用式（2-30）表示。

$$H(x) = \begin{cases} 0, & x < 18 \\ \dfrac{x - 18}{12}, & 18 \leqslant x < 30 \\ 1, & x \geqslant 30 \end{cases} \tag{2-30}$$

（2）耕深稳定性　《铧式犁》（GB/T 14225—2008）规定，铧式犁耕深稳定性变异系数不应大于 10%。因此，铧式犁耕深稳定性变异系数（GS）的隶属函数可用式（2-31）表示。

$$GS(x) = \begin{cases} 1, & x \leqslant 0 \\ \dfrac{0.1 - x}{0.1}, & 0 < x \leqslant 0.1 \\ 0, & x > 0.1 \end{cases} \tag{2-31}$$

（3）年均占用资金成本　铧式犁年均资金占用成本同样用式（2-18）表示。

（4）作业幅宽　150 马力（1 马力≈735 W）的拖拉机最多只能配套 7 铧犁，其作业幅宽不超过 3 m，单铧犁最小作业幅宽为 0.2 m。因此，作业幅宽（FK）的隶属函数可用式（2-32）表示。

$$FK(x) = \begin{cases} 0, & x \leqslant 0.2 \\ \dfrac{x-0.2}{2.8}, & 0.2 < x \leqslant 3 \\ 1, & x > 3 \end{cases} \qquad (2\text{-}32)$$

2.5.4　撒肥机评价指标的隶属函数

（1）撒肥均匀度　《施肥机械质量评价技术规范》（NY/T 1003—2006）规定，施肥均匀性变异系数不超过 60%。因此，撒肥均匀度（SF）的隶属函数可用式（2-33）表示。

$$SF(x) = \begin{cases} 1, & x \leqslant 0 \\ \dfrac{x}{0.6}, & 0 < x \leqslant 0.6 \\ 0, & x > 0.6 \end{cases} \qquad (2\text{-}33)$$

（2）年均占用资金成本　撒肥机年均资金占用成本同样用式（2-18）表示。

（3）作业幅宽　《施肥机械质量评价技术规范》（NY/T 1003—2006）对撒肥幅宽并没有明确的规定。考虑到江苏地区水田宽度一般都小于 50 m，作业幅宽超过 50 m 就可以对农田全覆盖。因此作业幅宽（FK）的隶属函数可用式（2-34）表示。

$$FK(x) = \begin{cases} 0, & x \leqslant 0 \\ \dfrac{x}{50}, & 0 < x < 50 \\ 1, & x \geqslant 50 \end{cases} \qquad (2\text{-}34)$$

（4）平均首次故障前作业面积　《施肥机械质量评价技术规范》（NY/T 1003—2006）规定，施肥机械平均首次故障前作业面积不得小于 30 hm²，因此，平均首次故障前作业面积（MS）的隶属函数可用式（2-35）表示。

$$MS(x) = \begin{cases} 0, & x < 30 \\ 1 - \exp\left(\dfrac{30-x}{30}\right), & x \geqslant 30 \end{cases} \qquad (2\text{-}35)$$

2.5.5　高地隙植保机评价指标的隶属函数

（1）转向半径　高地隙植保机转弯同样用式（2-16）表示。

（2）药液覆盖率　《喷雾机（器）作业质量》（NY/T 650—2002），喷雾机作业的药液覆盖率不得小于 33%。因此，药液覆盖率（YF）的隶属函数可用式（2-36）表示。

$$YF(x) = \begin{cases} 0, & x \leqslant 0.33 \\ \dfrac{x - 0.33}{0.67}, & 0.33 < x < 1 \\ 1, & x \geqslant 1 \end{cases} \qquad (2-36)$$

（3）年均占用资金成本　高地隙植保机年均资金占用成本的隶属函数同样用式（2-18）表示。

（4）理论作业效率　高地隙植保机采用 HST 无极变速器，作业速度为 0～15 km/h，水田用的机器作业幅宽不超过 20 m，最大的理论作业效率为 30 hm²/h。因此理论作业效率（XL）的隶属函数可用式（2-37）表示。

$$XL(x) = \begin{cases} 0, & x \leqslant 0 \\ \dfrac{x}{30}, & 0 < x < 30 \\ 1, & x \geqslant 30 \end{cases} \qquad (2-37)$$

（5）油耗　高地隙插秧机油耗的隶属函数同样使用式（2-19）表示。

（6）平均无故障时间　《动力喷雾机质量评价技术规范》（NY/T 1006—2006）规定，植保机无故障连续运转时间不得低于 20 h。因此，平均无故障时间（MT）的隶属函数可用式（2-38）表示。

$$MT(x) = \begin{cases} 0, & x < 20 \\ 1 - \exp\left(\dfrac{20 - x}{20}\right), & x \geqslant 20 \end{cases} \qquad (2-38)$$

（7）有无驾驶室　高地隙植保机有无驾驶室的隶属函数同样用式（2-21）表示。

（8）有无空调　高地隙植保机有无空调的隶属函数同样用式（2-22）表示。

（9）转向灵便性　高地隙植保机转向灵便性的隶属函数同样用式（2-24）表示。

2.5.6　育秧流水线评价指标的隶属函数

（1）播种均匀度　育秧流水线属于谷物条播基地范畴《播种机质量评价技术规范》（NY/T 1143—2006）规定，谷物条播机的播种均匀性变异系数不得超过 45%，因此，播种均匀度（BZ）的隶属函数可用式（2-39）表示。

$$BZ(x) = \begin{cases} 1, & x \leqslant 0 \\ \dfrac{0.45 - x}{0.45}, & 0 < x < 0.45 \\ 0, & x \geqslant 0.45 \end{cases} \qquad (2-39)$$

（2）年均占用资金成本　育秧流水线年均资金占用成本的隶属函数同样用式（2-18）表示。

（3）理论作业效率 秧盘标准长度为 60 cm，流水线输送速度一般不超过 0.2 m/s，可计算得到最大理论作业效率为 1 200 盘/h。因此，理论作业效率（XL）隶属函数可用式（2-40）表示。

$$XL(x) = \begin{cases} 0, & x \leqslant 0 \\ \dfrac{x}{1\,200}, & 0 < x < 1\,200 \\ 1, & x \geqslant 1\,200 \end{cases} \quad (2\text{-}40)$$

（4）有效度 《播种机质量评价技术规范》（NY/T 1143—2006）规定，播种机有效度应不小于 90%。因此，有效度（YX）的隶属函数可用式（2-41）表示。

$$YX(x) = \begin{cases} 0, & x \leqslant 0.9 \\ \dfrac{x - 0.9}{0.1}, & 0.9 < x < 1 \\ 1, & x \geqslant 1 \end{cases} \quad (2\text{-}41)$$

2.5.7 插秧机评价指标的隶属函数

（1）转向半径 插秧机转向半径同样用式（2-16）表示。

（2）飘秧率 《机动插秧机质量评价技术规范》（NY/T 1828—2019）规定，飘秧率不得高于 3%。因此，飘秧率（PY）的隶属函数可用式（2-42）表示。

$$PY(x) = \begin{cases} 1, & x \leqslant 0 \\ \dfrac{0.03 - x}{0.03}, & 0 < x < 0.03 \\ 0, & x \geqslant 0.03 \end{cases} \quad (2\text{-}42)$$

（3）漏插率 《机动插秧机质量评价技术规范》（NY/T 1828—2019）规定，漏插率不得高于 5%。因此，漏插率（PY）的隶属函数可用式（2-43）表示。

$$PY(x) = \begin{cases} 1, & x \leqslant 0 \\ \dfrac{0.05 - x}{0.05}, & 0 < x < 0.05 \\ 0, & x \geqslant 0.05 \end{cases} \quad (2\text{-}43)$$

（4）年均占用资金成本 育秧流水线年均资金占用成本的隶属函数同样用式（2-18）表示。

（5）理论作业效率 插秧机最大作业幅宽 2.4 m，作业速度分布在 0~1.8 m/s，计算得到插秧机的最大理论作业效率为 1.7 hm²/h。因此，理论作业效率（XL）的隶属函数可用式（2-44）表示。

$$XL(x) = \begin{cases} 0, & x \leqslant 0 \\ \dfrac{x}{1.7}, & 0 < x < 1.7 \\ 1, & x \geqslant 1.7 \end{cases} \quad (2-44)$$

（6）油耗　主流高速插秧机配套的是汽油发动机，功率最大不超过 20 kW，最小不低于 3 kW。汽油发动机的热利用效率为 25%～35%，汽油燃烧热值为 4.6×10^7 J/g，汽油的密度为 0.85 kg/L，插秧机油耗为 $\left[\dfrac{3\,000\ \text{W} \times 3\,600\ \text{s}}{4.6 \times 10^7\ \text{J/kg} \times 35\% \times 0.85\ \text{kg/L}}, \dfrac{20\,000\ \text{W} \times 3\,600\ \text{s}}{4.6 \times 10^7\ \text{J/kg} \times 25\% \times 0.85\ \text{kg/L}} \right] = [\,0.8\ \text{L/h},$ 7.4 L/h]。因此，插秧机油耗（YH）隶属函数可用式（2-45）表示。

$$YH(x) = \begin{cases} 1, & x \leqslant 0.8 \\ \dfrac{7.4 - x}{6.6}, & 0.8 < x < 7.4 \\ 0, & x \geqslant 7.4 \end{cases} \quad (2-45)$$

（7）平均无故障时间　《机动插秧机质量评价技术规范》（NY/T 1828—2019）规定，插秧机平均无故障时间不得低于 50 h。因此，平均无故障时间（MT）的隶属函数可用式（2-46）表示。

$$MT(x) = \begin{cases} 0, & x < 50 \\ 1 - \exp\left(\dfrac{50 - x}{50}\right), & x \geqslant 50 \end{cases} \quad (2-46)$$

（8）有无驾驶室　高速插秧机有无驾驶室的隶属函数同样用式（2-21）表示。

（9）有无空调　高速插秧机有无空调的隶属函数同样用式（2-22）表示。

（10）转向灵便性　高速插秧机转向灵便性的隶属函数同样用式（2-24）表示。

2.5.8　稻麦联合收割机评价指标的隶属函数

（1）转向半径　稻麦联合收割机转向半径的隶属函数同样式（2-16）表示。

（2）损失率　《水稻联合收割机作业质量》（NY/T 498—2013）规定，损失率不得高于 3.5%。因此，损失率（S）的隶属函数可用式（2-47）表示。

$$S(x) = \begin{cases} 1, & x \leqslant 0 \\ \dfrac{3.5 - x}{3.5}, & 0 < x < 3.5 \\ 0, & x \geqslant 3.5 \end{cases} \quad (2-47)$$

（3）年均占用资金成本　稻麦联合收割机年均资金占用成本的隶属函数同

样用式（2-18）表示。

（4）理论作业效率　规模化经营主体选择的水稻联合收割机最大喂入量一般不超过 8 kg/s，但不低于 2 kg/s。水稻产量一般 6 000~15 000 kg/hm²，计算得到联合收割机理论作业效率为 0.2~4.1 hm²/h。因此，理论作业效率（XL）的隶属函数可用式（2-48）表示。

$$XL(x) = \begin{cases} 0, & x \leqslant 0.2 \\ \dfrac{x-0.2}{3.9}, & 0.2 < x < 4.1 \\ 1, & x \geqslant 4.1 \end{cases} \tag{2-48}$$

（5）油耗　稻麦联合收割机油耗的隶属函数同样用式（2-19）表示。

（6）平均无故障时间　《谷物联合收割机质量评价技术规范》（NY/T 2090—2011）规定，谷物联合收割机评价无故障时间不得低于 50 h。因此，平均无故障时间（MT）的隶属函数可用式（2-49）表示。

$$MT(x) = \begin{cases} 0, & x < 50 \\ 1 - \exp\left(\dfrac{50-x}{50}\right), & x \geqslant 50 \end{cases} \tag{2-49}$$

（7）有无驾驶室　稻麦联合收割机有无驾驶室的隶属函数同样用式（2-21）表示。

（8）有无空调　稻麦联合收割机有无空调的隶属函数同样用式（2-22）表示。

（9）换挡功能　稻麦联合收割机换挡功能的隶属函数同样用式（2-23）表示

（10）转向灵便性　稻麦联合收割机转向灵便性的隶属函数同样用式（2-24）表示。

2.5.9　秸秆还田机评价指标的隶属函数

（1）切碎长度合格率　《秸秆粉碎还田机　作业量》（NY/T 500—2015）规定，秸秆切碎长度合格率不得低于 85%。因此，切碎长度合格率（QS）的隶属函数可用式（2-50）表示。

$$QS(x) = \begin{cases} 0, & x \leqslant 0.85 \\ \dfrac{x-0.85}{0.15}, & 0.85 < x < 1 \\ 1, & x \geqslant 1 \end{cases} \tag{2-50}$$

（2）抛撒均匀度　《秸秆粉碎还田机　作业量》（NY/T 500—2015）规定，秸秆抛撒均匀度不得低于 80%。因此，抛撒均匀度（PS）的隶属函数可用式（2-51）表示。

$$PS(x) = \begin{cases} 0, & x \leqslant 0.8 \\ \dfrac{x - 0.8}{0.2}, & 0.8 < x < 1 \\ 1, & x \geqslant 1 \end{cases} \tag{2-51}$$

（3）年均占用资金成本 秸秆还田机年均资金占用成本的隶属函数同样用式（2-18）表示。

（4）作业幅宽 秸秆还田机与旋耕机工作原理基本一样，其作业幅宽的隶属函数同样用式（2-28）表示。

（5）平均无故障时间 秸秆还田机平均无故障时间的隶属函数同样用式（2-29）表示。

2.5.10　烘干机评价指标的隶属函数

（1）含水率 《稻谷干燥机械　作业质量》（NY/T 988—2006）规定，烘干后的晚粳稻含水量不得高于 15.5%。因此，含水率（HS）的隶属函数可用式（2-52）表示。

$$HS(x) = \begin{cases} 1, & x \leqslant 0 \\ \dfrac{15.5 - x}{15.5}, & 0 < x < 15.5 \\ 0, & x \geqslant 15.5 \end{cases} \tag{2-52}$$

（2）干燥均匀度 《稻谷干燥机械　作业质量》（NY/T 988—2006）规定，含水率均匀度不得低于 98%。因此，干燥均匀度（GJ）的隶属函数可用式（2-53）表示。

$$GJ(x) = \begin{cases} 0, & x \leqslant 0.98 \\ \dfrac{x - 0.98}{0.02}, & 0.98 < x < 1 \\ 1, & x \geqslant 1 \end{cases} \tag{2-53}$$

（3）年均占用资金成本 烘干机年均资金占用成本的隶属函数同样用式（2-18）表示。

（4）能耗 《粮食干燥机质量评价规范》（NY/T 463—2001）规定，水稻干燥单位耗热量不得高于 7 400 kJ/kg，配套电机耗电量不得高于 600 kJ/kg。以柴油为计算标准，单位能耗金额上限为 0.068 元/kg。因此，能耗（NH）的隶属函数可用式（2-54）表示。

$$NH(x) = \begin{cases} 1, & x \leqslant 0 \\ \dfrac{0.068 - x}{0.068}, & 0 < x < 0.068 \\ 0, & x \geqslant 0.068 \end{cases} \tag{2-54}$$

（5）有效度　《粮食干燥机质量评价规范》（NY/T 463—2001）规定，烘干机的有效度不得低于95%。因此有效度（YX）的隶属函数可用式（2-55）表示。

$$YX(x) = \begin{cases} 0, & x \leqslant 0.95 \\ \dfrac{x - 0.95}{0.05}, & 0.95 < x < 1 \\ 1, & x \geqslant 1 \end{cases} \tag{2-55}$$

2.6　确定机器评价指标值

2.6.1　确定方法

我国农业机器购置有财政补贴，所有补贴产品必须通过鉴定才具备进入农机产品推广目录的资格，通过性能、作业性能、可靠性以及经济性指标中的作业效率与油耗是农机鉴定中必测指标，鉴定结果具有权威性，因此上述指标通过向农机鉴定站调研获得。经济性指标中的价格通过面向农机用户展开调研获得。舒适性指标通过观察获得。

本研究主要向2家中央级农机鉴定机构（农业部农机鉴定总站、国家植保机械检测中心）和8家省级农机鉴定站（江苏省、安徽省、江西省、浙江省、湖南省、湖北省、广东省与广西壮族自治区）开展实地座谈调研，查阅鉴定报告，获取机器评价指标值；向苏南—苏州、苏州—泰州、苏北—宿迁3个区域共30家农机合作社开展问卷调研，获取农机销售价格。

2.6.2　机器评价指标值结果

拖拉机、旋耕机、铧式犁、撒肥机、高地隙植保机、育秧流水线、插秧机、联合收割机、秸秆还田机、烘干机的评价指标值结果见表2-23至表2-32。

表2-23　拖拉机评价指标值结果

评价指标	东方红1104	John Deere 804	纽荷兰700	久保田 M954KQ	欧豹 M904
转向半径/m	6.5	5	4.5	4.5	5.5
额定功率/kW	80.9	58.8	51.5	69.8	66.2
年均占用资金/（元/年）	26 233	17 051	8 395	22 298	13 116
油耗/（L/h）	23	17	15	20	19
平均无故障时间/h	257	394	353	424	314
有无驾驶室	1	1	0	1	1

（续表）

评价指标	东方红 1104	John Deere 804	纽荷兰 700	久保田 M954KQ	欧豹 M904
有无空调	1	1	0	1	1
换挡功能	0	0	0	0	0
转向灵便性	1	1	1	1	1

表2-24 旋耕机评价指标值结果

评价指标	神耕 1GND-200	东方红 1GM-210	豪丰 1GQN-230	沃得 1GKN-200	港旋 1GQN-230
耕深/cm	12	16	14	16	18
耕深稳定性/%	0.91	0.95	0.91	0.90	0.87
碎土率/%	0.70	0.80	0.65	0.78	0.71
年均占用资金/（元/年）	3 905	2 550	1 195	1 023	1 271
作业幅宽/m	2.0	2.1	2.3	2.0	2.3
平均无故障时间/h	190	283	197	208	233

表2-25 铧式犁评价指标值结果

评价指标	东金 1LS-527	荣宇 1LS-620	沃尔 1LS-527	汉美 1LS-635	融拓北方 1LS-627
耕深/cm	28	25	22	15	22
耕深稳定性/%	0.09	0.09	0.07	0.05	0.08
年均占用资金/（元/年）	1 054	1 237	1 031	1 535	1 283
作业幅宽/m	1.35	1.20	1.35	2.10	1.60

表2-26 撒肥机评价指标值结果

评价指标	世达尔 2FS-600	阿玛松 ZA-X1000	伊诺罗斯 SP-500	美诺 1500	格兰 EXACTA CL 1100
撒肥均匀度/%	0.5	0.2	0.6	0.4	0.2
年均占用资金/（元/年）	5 247	21 505	1 580	6 558	9 837
作业幅宽/m	24	36	18	36	24
平均首次故障前作业面积/hm²	200	1 000	100	300	500

表 2-27 高地隙植保机评价指标值结果

评价指标	东风 3WP-500	埃森 SWAN3 WP-500	雷沃 3WP-500	永佳 3WSH-1000	华盛泰山 3WPG-600
转向半径/m	2.1	2.0	2.3	2.0	3.3
药液覆盖率/%	50	45	45	45	45
年均占用资金/（元/年）	14 887	12 920	15 543	14 231	12 920
理论作业效率/（hm²/h）	4.6	5.0	6.2	6.0	7.2
油耗/（L/h）	4.00	4.93	4.81	5.76	10.95
平均无故障时间/h	200	180	190	170	170
有无驾驶室	0	0	0	0	0
有无空调	0	0	0	0	0
转向灵便性	1	1	1	1	1

表 2-28 育秧流水线评价指标值结果

评价指标	东风井关 THK-3017KC	绿穗 2BX-580	云马 2BLY-280B	矢崎 SYS-550C	久保田 2BZP-800
播种均匀度/%	2	6	5	2	4
年均占用资金/（元/年）	3 456	1 390	1 128	2 505	1 784
理论作业效率/（盘/h）	450	580	1000	800	800
有效度/%	98	91	94	97	95

表 2-29 插秧机评价指标值结果

评价指标	井关 PZ60G	洋马 VP9D	久保田 2ZGQ-6G2	沃得 2ZGF-6A	富来威 2ZG-6DK
转向半径/m	1.97	2.03	1.86	1.97	1.90
飘秧率/%	1	1	1	2	2
漏插率/%	2	2	1	2	2
年均占用资金/（元/年）	7 831	20 724	9 170	6 952	6 034
理论作业效率/（hm²/h）	0.40	0.66	0.40	0.40	0.37
油耗/（L/h）	4.03	6.02	2.45	4.24	3.11
平均无故障时间/h	250	250	300	200	200
有无驾驶室	0	0	0	0	0
有无空调	0	0	0	0	0
转向灵便性	1	1	1	1	1

表 2-30 稻麦联合收割机评价指标值结果

评价指标	沃得 4LZ-6.0K	谷神 RG25	久保田 4LZ-2.5	久保田 4LBZ-172B	谷王 PL30
转向半径/m	8	5.5	7.0	5.19	5.41
损失率/%	3.5	3.0	2.5	2.0	3.5
年均占用资金/（元/年）	25 425	15 690	17 859	41 930	19 199
理论作业效率/（hm²/h）	1.10	0.47	0.40	0.53	0.50
油耗/（L/h）	21.61	15.85	14.18	19.04	17.29
平均无故障时间/h	55	80	100	120	70
有无驾驶室	1	0	0	0	0
有无空调	0	0	0	0	0
换挡功能	1	1	1	1	1
转向灵便性	1	1	1	1	1

表 2-31 秸秆还田机评价指标值结果

评价指标	开元王 1JQ-165	豪丰 4J-165	旄牛 4J150	开元刀神 1JH-150	东方红 1JH-180
切碎长度合格率/%	90	95	92	92	90
抛撒均匀度/%	88	93	90	90	88
年均占用资金/（元/年）	1 443	1 638	1 538	1 527	1 708
作业幅宽/m	1.65	1.65	1.50	1.50	1.80
平均无故障时间/h	200	220	210	210	215

表 2-32 烘干机评价指标值结果

评价指标	三久 NEW PRO-120H	金锡 JX5HM-10.0	一鸣 5HS200- 200D	雷沃 5HXW0210	天禹 5HXG-120
含水率/%	14	14	14	14	14
干燥均匀度/%	99.0	98.5	98.5	98.5	98.0
年均占用资金/（元/年）	14 924	15 322	14 833	11 211	9 936
能耗/（元/kg）	0.060	0.063	0.030	0.035	0.030
有效度/%	99	98	96	96	96

2.7 评价结果分析

2.7.1 拖拉机

（1）隶属度矩阵　将得到的拖拉机评价指标值代入相应的隶属函数，得到各个指标的隶属度，然后建立隶属度矩阵 $R_{拖}$。

$$R_{拖} = \begin{bmatrix} 0.988\ 9 & 0.950\ 2 & 0.917\ 9 & 0.917\ 9 & 0.998 \\ 0.692\ 5 & 0.461\ 3 & 0.384\ 9 & 0.576\ 4 & 0.538\ 7 \\ 0.072\ 6 & 0.181\ 8 & 0.431\ 9 & 0.107\ 5 & 0.269\ 4 \\ 0.660\ 4 & 0.736 & 0.811\ 3 & 0.717\ 0 & 0.735\ 8 \\ 0.059\ 5 & 0.232\ 9 & 0.181\ 0 & 0.270\ 9 & 0.131\ 6 \\ 1.000\ 0 & 1.000\ 0 & 0.000\ 0 & 1.000\ 0 & 1.000\ 0 \\ 1.000\ 0 & 1.000\ 0 & 0.000\ 0 & 1.000\ 0 & 1.000\ 0 \\ 0.000\ 0 & 0.000\ 0 & 0.000\ 0 & 0.000\ 0 & 0.000\ 0 \\ 1.000\ 0 & 1.000\ 0 & 1.000\ 0 & 1.000\ 0 & 1.000\ 0 \end{bmatrix}$$

归一化后，得到 $R^o_{拖}$。

$$R^o_{拖} = \begin{bmatrix} 0.208\ 4 & 0.200\ 3 & 0.193\ 5 & 0.193\ 5 & 0.204\ 4 \\ 0.260\ 9 & 0.173\ 8 & 0.145\ 1 & 0.217\ 2 & 0.203\ 0 \\ 0.068\ 3 & 0.171\ 0 & 0.406\ 3 & 0.101\ 2 & 0.253\ 4 \\ 0.178\ 6 & 0.209\ 2 & 0.219\ 4 & 0.193\ 9 & 0.199\ 0 \\ 0.067\ 9 & 0.265\ 9 & 0.206\ 6 & 0.309\ 2 & 0.150\ 3 \\ 0.250\ 0 & 0.250\ 0 & 0.000\ 0 & 0.250\ 0 & 0.250\ 0 \\ 0.250\ 0 & 0.250\ 0 & 0.000\ 0 & 0.250\ 0 & 0.250\ 0 \\ 0.000\ 0 & 0.000\ 0 & 0.000\ 0 & 0.000\ 0 & 0.000\ 0 \\ 0.200\ 0 & 0.200\ 0 & 0.200\ 0 & 0.200\ 0 & 0.200\ 0 \end{bmatrix}$$

通过拖拉机评价指标权重体系得到权向量 $A_{拖}$。

$A_{拖} = [0.10 \quad 0.30 \quad 0.18 \quad 0.12 \quad 0.20 \quad 0.01 \quad 0.01 \quad 0.04 \quad 0.04]$

（2）评价结果　由式（2-8）得到拖拉机的评价结果 $B_{拖}$。

$B_{拖} = A_{拖} \cdot R^o_{拖} = [0.148\ 4 \quad 0.172\ 0 \quad 0.137\ 1 \quad 0.171\ 5 \quad 0.171\ 0]$

可以看出，John Deere 804 隶属度最高，为 0.172 0，其次是久保田 M954KQ，隶属度为 0.171 5，欧豹 M904 再次之，隶属度同样达到 0.171 0，3个机型相差无几，东方红 1104 与纽荷兰 700 隶属较差。因此，拖拉机的选用优先顺序为 John Deere 804、久保田 M954KQ、欧豹 M904、东方红 1104、纽荷兰 700。

2.7.2 旋耕机

（1）隶属度矩阵　将得到的拖拉机评价指标值代入相应的隶属函数，得到各个指标的隶属度，然后建立隶属度矩阵 $R_{旋}$。

$$
R_{旋} = \begin{bmatrix}
0.100\ 0 & 0.300\ 0 & 0.200\ 0 & 0.300\ 0 & 0.400\ 0 \\
0.550\ 0 & 0.750\ 0 & 0.550\ 0 & 0.500\ 0 & 0.350\ 0 \\
0.400\ 0 & 0.600\ 0 & 0.300\ 0 & 0.560\ 0 & 0.420\ 0 \\
0.676\ 7 & 0.774\ 9 & 0.887\ 4 & 0.902\ 8 & 0.880\ 6 \\
0.555\ 6 & 0.600\ 0 & 0.688\ 9 & 0.555\ 6 & 0.688\ 9 \\
0.026\ 7 & 0.411\ 2 & 0.062\ 8 & 0.116\ 9 & 0.228\ 5
\end{bmatrix}
$$

归一化后，得到 $R_{旋}^{o}$。

$$
R_{旋}^{o} = \begin{bmatrix}
0.076\ 9 & 0.230\ 8 & 0.153\ 8 & 0.230\ 8 & 0.307\ 7 \\
0.203\ 7 & 0.277\ 8 & 0.203\ 7 & 0.185\ 2 & 0.129\ 6 \\
0.175\ 4 & 0.263\ 2 & 0.131\ 6 & 0.245\ 6 & 0.184\ 2 \\
0.164\ 2 & 0.188\ 0 & 0.215\ 3 & 0.219\ 0 & 0.213\ 6 \\
0.179\ 9 & 0.194\ 2 & 0.223\ 0 & 0.179\ 9 & 0.223\ 0 \\
0.031\ 5 & 0.486\ 0 & 0.074\ 2 & 0.138\ 2 & 0.270\ 1
\end{bmatrix}
$$

通过旋耕机评价指标权重体系得到权向量 $A_{旋}$。

$$A_{旋} = [0.12 \quad 0.09 \quad 0.09 \quad 0.15 \quad 0.15 \quad 0.40]$$

（2）评价结果　由式（2-8）得到旋耕机的评价结果 $B_{旋}$。

$$B_{旋} = A_{旋} \cdot R_{旋}^{o} = [0.107\ 6 \quad 0.328\ 1 \quad 0.144\ 1 \quad 0.181\ 6 \quad 0.238\ 7]$$

可以看出，东方红1GM-210隶属度最大，达到0.328 1，其次是港旋1GQN-230，隶属度为0.238 7，沃得1GKN-200再次之，豪丰1GQN-230与神耕1GND-200较差。因此，旋耕机选型的优先顺序为东方红1GM-210、港旋1GQN-230、沃得1GKN-200、豪丰1GQN-230、神耕1GND-200。

2.7.3 铧式犁

（1）隶属度矩阵　将得到的铧式犁评价指标值代入相应的隶属函数，得到各个指标的隶属度，然后建立隶属度矩阵 $R_{犁}$。

$$
R_{犁} = \begin{bmatrix}
0.833\ 3 & 0.583\ 3 & 0.333\ 3 & 0.000\ 0 & 0.333\ 3 \\
0.100\ 0 & 0.100\ 0 & 0.300\ 0 & 0.500\ 0 & 0.200\ 0 \\
0.900\ 0 & 0.883\ 6 & 0.902\ 0 & 0.857\ 7 & 0.879\ 6 \\
0.266\ 7 & 0.200\ 0 & 0.266\ 7 & 0.600\ 0 & 0.377\ 8
\end{bmatrix}
$$

归一化后，得到 $R_{犁}^{o}$。

$$R_{犁}^{o} = \begin{bmatrix} 0.400\ 0 & 0.280\ 0 & 0.160\ 0 & 0.000\ 0 & 0.160\ 0 \\ 0.083\ 3 & 0.083\ 3 & 0.250\ 0 & 0.416\ 7 & 0.166\ 7 \\ 0.203\ 5 & 0.199\ 8 & 0.203\ 9 & 0.193\ 9 & 0.198\ 9 \\ 0.158\ 0 & 0.116\ 9 & 0.155\ 8 & 0.350\ 6 & 0.000\ 0 \end{bmatrix}$$

通过铧式犁评价指标权重体系得到权向量 $A_{犁}$。

$$A_{犁} = [0.24 \quad 0.16 \quad 0.30 \quad 0.30]$$

（2）评价结果　由式（2-8）得到铧式犁的评价结果 $B_{旋}$。

$$B_{犁} = A_{犁} \cdot R_{犁}^{o} = [0.217\ 1 \quad 0.175\ 5 \quad 0.186\ 3 \quad 0.230\ 0 \quad 0.191\ 0]$$

可以看出，汉美 1LS-635 隶属度最大，为 0.230 0，其次是东金 1LS-527，隶属度达到 0.217 1，融拓北方 1LS-627 再次之，隶属度达到 0.191 0，沃尔 1LS-527 与荣宇 1LS-620 较差。因此，铧式犁选型的优先顺序为汉美 1LS-635、东金 1LS-527、融拓北方 1LS-627、沃尔 1LS-527、荣宇 1LS-620。

2.7.4　撒肥机

（1）隶属度矩阵　将得到的撒肥机评价指标值代入相应的隶属函数，得到各个指标的隶属度，然后建立隶属度矩阵 $R_{肥}$。

$$R_{肥} = \begin{bmatrix} 0.833\ 3 & 0.333\ 3 & 1.000\ 0 & 0.666\ 7 & 0.333\ 3 \\ 0.591\ 7 & 0.116\ 4 & 0.853\ 8 & 0.519\ 0 & 0.373\ 9 \\ 0.480\ 0 & 0.720\ 0 & 0.360\ 0 & 0.720\ 0 & 0.480\ 0 \\ 0.996\ 5 & 1.000\ 0 & 0.903\ 0 & 0.999\ 9 & 1.000\ 0 \end{bmatrix}$$

归一化后，得到 $R_{肥}^{o}$。

$$R_{肥}^{o} = \begin{bmatrix} 0.263\ 2 & 0.105\ 3 & 0.315\ 8 & 0.210\ 5 & 0.105\ 3 \\ 0.241\ 0 & 0.047\ 4 & 0.347\ 8 & 0.211\ 4 & 0.152\ 3 \\ 0.173\ 9 & 0.260\ 9 & 0.130\ 4 & 0.260\ 9 & 0.173\ 9 \\ 0.203\ 4 & 0.204\ 1 & 0.184\ 3 & 0.204\ 1 & 0.204\ 1 \end{bmatrix}$$

通过撒肥机评价指标权重体系得到权向量 $A_{肥}$。

$$A_{肥} = [0.20 \quad 0.25 \quad 0.25 \quad 0.30]$$

（2）评价结果　由式（2-8）得到撒肥机的评价结果 $B_{肥}$。

$$B_{肥} = A_{肥} \cdot R_{肥}^{o} = [0.217\ 4 \quad 0.159\ 4 \quad 0.238\ 0 \quad 0.221\ 4 \quad 0.163\ 8]$$

可以看出，伊诺罗斯 SP-500 隶属度最大，为 0.238 0，其次是美诺 1500，隶属度达到 0.221 4，世达尔 2FS-600 再次之，隶属度达到 0.217 4，格兰 EXACTA CL 1100 与阿玛松 ZA-X1000 较差。因此，撒肥机选型的优先顺序为伊诺罗斯 SP-500、美诺 1500、世达尔 2FS-600、兰 EXACTA CL 1100、阿玛松 ZA-X1000。

2.7.5　高地隙植保机

（1）隶属度矩阵　将高地隙植保机评价指标值代入相应的隶属函数，得到各个指标的隶属度，然后建立隶属度矩阵 $R_植$。

$$R_植 = \begin{bmatrix} 0.904\ 8 & 1.000\ 0 & 0.740\ 8 & 1.000\ 0 & 0.272\ 5 \\ 0.253\ 7 & 0.179\ 1 & 0.179\ 1 & 0.179\ 1 & 0.179\ 1 \\ 0.225\ 7 & 0.274\ 7 & 0.211\ 3 & 0.241\ 0 & 0.274\ 7 \\ 0.153\ 3 & 0.166\ 7 & 0.207\ 0 & 0.200\ 0 & 0.240\ 0 \\ 1.000\ 0 & 1.000\ 0 & 1.000\ 0 & 0.985\ 7 & 0.887\ 7 \\ 0.999\ 9 & 0.999\ 7 & 0.999\ 8 & 0.999\ 4 & 0.999\ 4 \\ 0.000\ 0 & 0.000\ 0 & 1.000\ 0 & 0.000\ 0 & 0.000\ 0 \\ 0.000\ 0 & 0.000\ 0 & 0.000\ 0 & 0.000\ 0 & 0.000\ 0 \\ 1.000\ 0 & 1.000\ 0 & 1.000\ 0 & 1.000\ 0 & 1.000\ 0 \end{bmatrix}$$

归一化处理后，得到 $R^o_植$

$$R^o_植 = \begin{bmatrix} 0.230\ 9 & 0.255\ 2 & 0.189\ 1 & 0.255\ 2 & 0.069\ 6 \\ 0.261\ 5 & 0.184\ 6 & 0.184\ 6 & 0.184\ 6 & 0.184\ 6 \\ 0.183\ 9 & 0.223\ 8 & 0.172\ 2 & 0.196\ 3 & 0.223\ 8 \\ 0.158\ 6 & 0.172\ 4 & 0.214\ 1 & 0.206\ 8 & 0.248\ 2 \\ 0.205\ 2 & 0.205\ 2 & 0.205\ 2 & 0.202\ 3 & 0.182\ 2 \\ 0.200\ 0 & 0.200\ 0 & 0.200\ 0 & 0.200\ 0 & 0.200\ 0 \\ 0.000\ 0 & 0.000\ 0 & 1.000\ 0 & 0.000\ 0 & 0.000\ 0 \\ 0.000\ 0 & 0.000\ 0 & 0.000\ 0 & 0.000\ 0 & 0.000\ 0 \\ 0.200\ 0 & 0.200\ 0 & 0.200\ 0 & 0.200\ 0 & 0.200\ 0 \end{bmatrix}$$

通过地面高地隙植保机评价指标权重体系得到权向量 $A_植$。

$$A_植 = \begin{bmatrix} 0.10 & 0.30 & 0.12 & 0.12 & 0.06 & 0.20 & 0.03 & 0.01 & 0.06 \end{bmatrix}$$

（2）评价结果 由式（2-8）得到高地隙植保机的评价结果 $B_肥$。

$$B_植 = A_植 \cdot R^o_植 = \begin{bmatrix} 0.207\ 0 & 0.192\ 8 & 0.215\ 0 & 0.193\ 4 & 0.181\ 9 \end{bmatrix}$$

可以看出，雷沃 3WP-500 隶属度最大，为 0.215 0，其次是东风 3WP-500，隶属度达到 0.207 0，永佳 3WSH-1000 再次之，隶属度达到 0.193 4，埃森 SWAN3WP-500 与华盛泰山 3WPG-600 较差。因此，高地隙植保机选型的优先顺序为雷沃 3WP-500、东风 3WP-500、永佳 3WSH-1000、埃森 SWAN3WP-500、华盛泰山 3WPG-600。

2.7.6 育秧流水线

（1）隶属度矩阵 将得到的育秧流水线评价指标值代入相应的隶属函数，得到各个指标的隶属度，然后建立隶属度矩阵 $R_育$。

$$R_{育} = \begin{bmatrix} 0.955\,6 & 0.866\,7 & 0.888\,9 & 0.955\,6 & 0.911\,1 \\ 0.707\,8 & 0.870\,2 & 0.893\,3 & 0.778\,4 & 0.836\,6 \\ 0.375\,0 & 0.483\,3 & 0.833\,3 & 0.666\,7 & 0.666\,7 \\ 0.800\,0 & 0.100\,0 & 0.400\,0 & 0.700\,0 & 0.500\,0 \end{bmatrix}$$

归一化处理后，得到 $R_{育}^{o}$。

$$R_{育}^{o} = \begin{bmatrix} 0.208\,7 & 0.189\,3 & 0.194\,2 & 0.208\,7 & 0.199\,0 \\ 0.173\,2 & 0.213\,0 & 0.218\,6 & 0.190\,5 & 0.204\,7 \\ 0.124\,0 & 0.159\,8 & 0.275\,5 & 0.220\,4 & 0.220\,4 \\ 0.320\,0 & 0.040\,0 & 0.160\,0 & 0.280\,0 & 0.200\,0 \end{bmatrix}$$

通过育秧流水线评价指标权重体系得到权向量 $A_{育}$。
$$A_{育} = [0.40 \quad 0.15 \quad 0.15 \quad 0.30]$$

（2）评价结果 由式（2-8）得到育秧流水线的评价结果 $B_{育}$。

$$B_{育} = A_{育} \cdot R_{育}^{o} = [0.224\,1 \quad 0.143\,6 \quad 0.199\,8 \quad 0.229\,1 \quad 0.203\,4]$$

可以看出，矢崎 SYS-550C 隶属度最大，为 0.229 1，其次是东风井关 THK-3017KC，隶属度达到 0.224 1，久保田 2BZP-800 再次之，隶属度达到 0.203 4，云马 2BLY-280B 与绿穗 2BX-580 较差。因此，育秧流水线选型的优先顺序为矢崎 SYS-550C、东风井关 THK-3017KC、久保田 2BZP-800、云马 2BLY-280B、绿穗 2BX-580。

2.7.7 插秧机

（1）隶属度矩阵 将得到的插秧机评价指标值代入相应的隶属函数，得到各个指标的隶属度，然后建立隶属度矩阵 $R_{插}$。

$$R_{插} = \begin{bmatrix} 1.000\,0 & 0.970\,4 & 1.000\,0 & 1.000\,0 & 1.000\,0 \\ 0.666\,7 & 0.666\,7 & 0.666\,7 & 0.333\,3 & 0.333\,3 \\ 0.600\,0 & 0.600\,0 & 0.800\,0 & 0.600\,0 & 0.600\,0 \\ 0.457\,0 & 0.125\,9 & 0.399\,7 & 0.499\,0 & 0.546\,9 \\ 0.235\,3 & 0.388\,2 & 0.235\,3 & 0.235\,3 & 0.217\,6 \\ 0.510\,6 & 0.209\,1 & 0.750\,0 & 0.478\,8 & 0.650\,0 \\ 0.981\,7 & 0.981\,7 & 0.993\,3 & 0.950\,2 & 0.950\,2 \\ 0.000\,0 & 0.000\,0 & 0.000\,0 & 0.000\,0 & 0.000\,0 \\ 0.000\,0 & 0.000\,0 & 0.000\,0 & 0.000\,0 & 0.000\,0 \\ 1.000\,0 & 1.000\,0 & 1.000\,0 & 1.000\,0 & 1.000\,0 \end{bmatrix}$$

归一化处理后，得到 $R_{插}^{o}$。

$$R^o_{插} = \begin{bmatrix} 0.201\ 2 & 0.195\ 2 & 0.201\ 2 & 0.201\ 2 & 0.201\ 2 \\ 0.250\ 0 & 0.250\ 0 & 0.250\ 0 & 0.125\ 0 & 0.125\ 0 \\ 0.187\ 5 & 0.187\ 5 & 0.250\ 0 & 0.187\ 5 & 0.187\ 5 \\ 0.225\ 3 & 0.062\ 1 & 0.197\ 0 & 0.246\ 0 & 0.269\ 6 \\ 0.179\ 4 & 0.296\ 0 & 0.179\ 4 & 0.179\ 4 & 0.165\ 9 \\ 0.196\ 5 & 0.080\ 5 & 0.288\ 6 & 0.184\ 3 & 0.250\ 1 \\ 0.202\ 1 & 0.202\ 1 & 0.204\ 5 & 0.195\ 6 & 0.195\ 6 \\ 0.000\ 0 & 0.000\ 0 & 0.000\ 0 & 0.000\ 0 & 0.000\ 0 \\ 0.000\ 0 & 0.000\ 0 & 0.000\ 0 & 0.000\ 0 & 0.000\ 0 \\ 0.200\ 0 & 0.200\ 0 & 0.200\ 0 & 0.200\ 0 & 0.200\ 0 \end{bmatrix}$$

通过插秧机评价指标权重体系得到权向量 $A_{插}$。

$A_{插} = \begin{bmatrix} 0.10 & 0.10 & 0.10 & 0.12 & 0.12 & 0.06 & 0.30 & 0.01 & 0.01 & 0.08 \end{bmatrix}$

（2）评价结果　由式（2-8）得到插秧机的评价结果 $B_{插}$。

$B_{插} = A_{插} \cdot R^o_{插} = \begin{bmatrix} 0.200\ 9 & 0.187\ 7 & 0.210\ 0 & 0.182\ 2 & 0.193\ 3 \end{bmatrix}$

可以看出，久保田 2ZGQ-6G2 隶属度，最大为 0.210 0，其次是井关 PZ60G，隶属度达到 0.200 9，富来威 2ZG-6DK 再次之，隶属度达到 0.193 3，洋马 VP9D 与沃得 2ZGF-6A 较差。因此，插秧机机选型的优先顺序为久保田 2ZGQ-6G2、井关 PZ60G、富来威 2ZG-6DK、洋马 VP9D、沃得 2ZGF-6A。

2.7.8　稻麦联合收割机

（1）隶属度矩阵　将得到的稻麦联合收割机评价指标值代入相应的隶属函数，得到各个指标的隶属度，然后建立隶属度矩阵 $R_{收}$。

$$R_{收} = \begin{bmatrix} 0.002\ 5 & 0.030\ 2 & 0.006\ 7 & 0.041\ 2 & 0.033\ 0 \\ 0.000\ 0 & 0.142\ 9 & 0.285\ 7 & 0.428\ 6 & 0.000\ 0 \\ 0.078\ 7 & 0.208\ 3 & 0.167\ 6 & 0.015\ 1 & 0.146\ 6 \\ 0.230\ 8 & 0.069\ 2 & 0.051\ 3 & 0.084\ 6 & 0.076\ 9 \\ 0.686\ 6 & 0.795\ 3 & 0.826\ 8 & 0.735\ 1 & 0.768\ 1 \\ 0.095\ 2 & 0.451\ 2 & 0.632\ 1 & 0.753\ 4 & 0.329\ 7 \\ 1.000\ 0 & 0.000\ 0 & 0.000\ 0 & 0.000\ 0 & 0.000\ 0 \\ 0.000\ 0 & 0.000\ 0 & 0.000\ 0 & 0.000\ 0 & 0.000\ 0 \\ 1.000\ 0 & 1.000\ 0 & 1.000\ 0 & 1.000\ 0 & 1.000\ 0 \\ 1.000\ 0 & 1.000\ 0 & 1.000\ 0 & 1.000\ 0 & 1.000\ 0 \end{bmatrix}$$

归一化处理后，得到 $R^o_{收}$。

$$R^o_{\text{收}} = \begin{bmatrix} 0.021\,8 & 0.265\,8 & 0.059\,3 & 0.362\,3 & 0.290\,8 \\ 0.000\,0 & 0.166\,7 & 0.333\,3 & 0.500\,0 & 0.000\,0 \\ 0.127\,6 & 0.337\,9 & 0.272\,0 & 0.024\,5 & 0.237\,9 \\ 0.450\,0 & 0.135\,0 & 0.100\,0 & 0.165\,0 & 0.150\,0 \\ 0.180\,1 & 0.208\,6 & 0.216\,9 & 0.192\,8 & 0.201\,5 \\ 0.042\,1 & 0.199\,5 & 0.279\,5 & 0.333\,1 & 0.145\,8 \\ 1.000\,0 & 0.000\,0 & 0.000\,0 & 0.000\,0 & 0.000\,0 \\ 0.000\,0 & 0.000\,0 & 0.000\,0 & 0.000\,0 & 0.000\,0 \\ 0.200\,0 & 0.200\,0 & 0.200\,0 & 0.200\,0 & 0.200\,0 \\ 0.200\,0 & 0.200\,0 & 0.200\,0 & 0.200\,0 & 0.200\,0 \end{bmatrix}$$

通过稻麦联合收割机评价指标权重体系得到权向量 $A_{\text{收}}$。

$A_{\text{收}} = \begin{bmatrix} 0.07 & 0.20 & 0.09 & 0.15 & 0.06 & 0.20 & 0.04 & 0.02 & 0.06 & 0.08 \end{bmatrix}$

（2）评价结果　由式（2-8）得到稻麦联合收割机的评价结果 $B_{\text{收}}$。

$B_{\text{收}} = A_{\text{收}} \cdot R^o_{\text{收}} = \begin{bmatrix} 0.167\,7 & 0.183\,0 & 0.207\,2 & 0.258\,5 & 0.133\,5 \end{bmatrix}$

可以看出，久保田 4LBZ-172B 隶属度，最大为 0.258 5，其次是久保田 4LZ-2.5，隶属度达到 0.207 2，谷神 RG25 再次之，隶属度达到 0.167 7，沃得 4LZ-6.0K 与谷王 PL30 较差。因此，稻麦联合收割机选型的优先顺序为久保田 4LBZ-172B、久保田 4LZ-2.5、谷神 RG25、沃得 4LZ-6.0K、谷王 PL30。

2.7.9　秸秆还田机

（1）隶属度矩阵　将得到的秸秆还田机评价指标值代入相应的隶属函数，得到各个指标的隶属度，然后建立隶属度矩阵 $R_{\text{还}}$。

$$R_{\text{还}} = \begin{bmatrix} 0.333\,3 & 0.666\,7 & 0.466\,7 & 0.466\,7 & 0.333\,3 \\ 0.400\,0 & 0.650\,0 & 0.500\,0 & 0.500\,0 & 0.400\,0 \\ 0.865\,6 & 0.848\,9 & 0.857\,4 & 0.858\,4 & 0.843\,0 \\ 0.400\,0 & 0.400\,0 & 0.333\,3 & 0.333\,3 & 0.466\,7 \\ 0.077\,9 & 0.172\,4 & 0.126\,4 & 0.126\,4 & 0.149\,7 \end{bmatrix}$$

归一化处理后，得到 $R^o_{\text{还}}$。

$$R^o_{\text{还}} = \begin{bmatrix} 0.147\,1 & 0.294\,1 & 0.205\,9 & 0.205\,9 & 0.147\,1 \\ 0.163\,3 & 0.265\,3 & 0.204\,1 & 0.204\,1 & 0.163\,3 \\ 0.202\,6 & 0.198\,7 & 0.200\,6 & 0.200\,9 & 0.197\,3 \\ 0.206\,9 & 0.206\,9 & 0.172\,4 & 0.172\,4 & 0.241\,4 \\ 0.119\,3 & 0.264\,1 & 0.193\,6 & 0193\,6 & 0.229\,3 \end{bmatrix}$$

通过秸秆还田机评价指标权重体系得到权向量 $A_{\text{还}}$。

$A_{\text{还}} = \begin{bmatrix} 0.20 & 0.20 & 0.15 & 0.15 & 0.30 \end{bmatrix}$

（2）评价结果　由式（2-8）得到秸秆还田机的评价结果 $B_{还}$。

$$B_{还} = A_{还} \cdot R^o_{还} = [0.159\,3 \quad 0.251\,9 \quad 0.196\,0 \quad 0.196\,1 \quad 0.196\,7]$$

可以看出，豪丰 4J-165 隶属度最大，为 0.251 9，其次是东方红 1JH-180，隶属度达到 0.196 7，开元刀神 1JH-150 再次之，隶属度达到 0.196 1，牦牛 4J150 与开元王 1JQ-165 较差。因此，秸秆还田机选型的优先顺序为豪丰 4J-165、东方红 1JH-180、开元刀神 1JH-150、牦牛 4J150、开元王 1JQ-165。

2.7.10　烘干机

（1）隶属度矩阵　将得到的烘干机评价指标值代入相应的隶属函数，得到各个指标的隶属度，然后建立隶属度矩阵 $R_{烘}$。

$$R_{烘} = \begin{bmatrix} 0.096\,8 & 0.096\,8 & 0.096\,8 & 0.096\,8 & 0.096\,8 \\ 0.500\,0 & 0.250\,0 & 0.250\,0 & 0.250\,0 & 0.000\,0 \\ 0.224\,8 & 0.216\,1 & 0.226\,9 & 0.325\,9 & 0.370\,2 \\ 0.117\,6 & 0.073\,5 & 0.558\,8 & 0.485\,3 & 0.558\,8 \\ 0.800\,0 & 0.600\,0 & 0.200\,0 & 0.200\,0 & 0.200\,0 \end{bmatrix}$$

归一化处理后，得到 $R^o_{烘}$。

$$R^o_{烘} = \begin{bmatrix} 0.200\,0 & 0.200\,0 & 0.200\,0 & 0.200\,0 & 0.200\,0 \\ 0.400\,0 & 0.200\,0 & 0.200\,0 & 0.200\,0 & 0.000\,0 \\ 0.168\,4 & 0.158\,4 & 0.166\,3 & 0.239\,0 & 0.271\,4 \\ 0.065\,6 & 0.041\,0 & 0.311\,5 & 0.270\,5 & 0.311\,5 \\ 0.400\,0 & 0.300\,0 & 0.100\,0 & 0.100\,0 & 0.100\,0 \end{bmatrix}$$

通过烘干机评价指标权重体系得到权向量 $A_{烘}$。

$$A_{烘} = [0.08 \quad 0.12 \quad 0.25 \quad 0.25 \quad 0.30]$$

（2）评价结果　由式（2-8）得到烘干机的评价结果 $B_{烘}$。

$$B_{烘} = A_{烘} \cdot R^o_{烘} = [0.241\,6 \quad 0.179\,8 \quad 0.189\,5 \quad 0.197\,4 \quad 0.191\,7]$$

可以看出，三久 NEW PRO-120H 隶属度最大，为 0.241 6，其次是雷沃 5HXW0210，隶属度达到 0.197 4，天禹 5HXG-120 再次之，隶属度达到 0.191 7，一鸣 5HS200-200D 与金锡 JX5HM-10.0 较差。因此，烘干机选型的优先顺序为三久 NEW PRO-120H、雷沃 5HXW0210、天禹 5HXG-120、一鸣 5HS200-200D、金锡 JX5HM-10.0。

2.8　本章小结

本章利用模糊数学理论中的模糊综合评判法，构建农业机器的综合评判体系，从农业机器的通过性能、作业性能、经济性、可靠性、舒适性 5 个方面选择了关键指标，基于德尔菲法建立了评价指标的权重体系，初步筛选出拖拉机、铧式犁、旋耕机、撒肥机、高地隙植保机、育秧流水线、插秧机、稻麦联合收割机、秸秆还田机、烘干机 10 类机器共 50 款机型进行评判，构建机器关键评价指标的隶属度函数，通过实地调研与问卷调研相结合的方式获得指标值，计算出每款机型的隶属度，以隶属度的大小定量地综合判定机器的优劣。具体结论如下。

　　拖拉机的选用优先顺序为 John Deere 804、久保田 M954KQ、欧豹 M904、东方红 1104、纽荷兰 700；旋耕机选型的优先顺序为东方红 1GM - 210、港旋 1GQN - 230、沃得 1GKN - 200、豪丰 1GQN - 230、神耕 1GND - 200；铧式犁选型的优先顺序为汉美 1LS - 635、东金 1LS - 527、融拓北方 1LS - 627、沃尔 1LS - 527、荣宇 1LS - 620；撒肥机选型的优先顺序为伊诺罗斯 SP - 500、美诺 1500、世达尔 2FS - 600、兰 EXACTA CL 1100、阿玛松 ZA - X1000；高地隙植保机选型的优先顺序为雷沃 3WP - 500、东风 3WP - 500、永佳 3WSH - 1000、埃森 SWAN3WP - 500、华盛泰山 3WPG - 600；育秧流水线选型的优先顺序为矢崎 SYS - 550C、东风井关 THK - 3017KC、久保田 2BZP - 800、云马 2BLY - 280B、绿穗 2BX - 580；插秧机选型的优先顺序为久保田 2ZGQ - 6G2、井关 PZ60G、富来威 2ZG - 6DK、洋马 VP9D、沃得 2ZGF - 6A；稻麦联合收割机选型的优先顺序为久保田 4LBZ - 172B、久保田 4LZ - 2.5、谷神 RG25、沃得 4LZ - 6.0K、谷王 PL30；秸秆还田机选型的优先顺序为豪丰 4J - 165、东方红 1JH - 180、开元刀神 1JH - 150、旄牛 4J150、开元王 1JQ - 165；烘干机选型的优先顺序为三久 NEW PRO - 120H、雷沃 5HXW0210、天禹 5HXG - 120、一鸣 5HS200 - 200D、金锡 JX5HM - 10.0。

　　在机器选型结果中，进口产品或中外合资产品隶属度较高，适用性也较高，尤其是拖拉机、撒肥机、插秧机、稻麦联合收割机等高价值产品表现更为突出，与我国当前农机流通市场表现基本一致。虽然国外品牌的农机产品价格高昂，但在作业性能、可靠性两项指标上全面占优，同时，外资品牌产品使用寿命远远高于国产品牌，年均占用资金并不高，甚至低于国产品牌，让我们一直津津乐道的价格优势荡然无存。因此，农机企业应将产品战略重心向保障产品质量、改善作业性能、提高机器可靠性与使用寿命转移，靠产品质量赢得消费者信赖，靠市场份额赢得经济效益，而不应过分追求成本控制，否则只会适得其反。

第三章　农机优化配置方法

自 2004 年《中华人民共和国农业机械化促进法》颁布以来，在农机购置补贴政策的拉动下，我国农业机械保有量始终保持高速增长，农户购机热情高涨，甚至不计成本地投资，在处于供方市场农机作业服务产业初始发展，农机化还不存在盈利压力的困扰。但随着农机逐渐趋于饱和，盲目购机的问题开始暴露，农机闲置率提升，造成大量的投资浪费。因此，在农业进入规模化经营的时代，农业机器为最重要的生产资料，必须对其进行科学合理配置，提高单机利用效率，才能降低生产成本，提高农业经营效益。

3.1　农机配置方法

3.1.1　配置原则

农业机器配置的目的是实现农业机器系统高效运转，满足农业生产需求，控制生产成本。为了达到该目的，必须遵循以下原则。

（1）成本最小化原则　以农业经营实际需求为准则，统筹考虑自主经营和社会服务市场规模，合理配置农业机器系统，动力机器与作业机具配套比合理，作业机器与辅助机器科学匹配，最高效地利用好所有机器的作业能力，降低机器闲置率，减少固定资产投资。

（2）作业时效性原则　农业生产不同于工业，必须严格按照农时安排生产，错过农时将严重影响农作物生长发育，形成产量损失甚至绝收。因此，所有生产环节的农业机械配置量均应保障农业生产能在合理的作业期内完成，减少适时性损失。

（3）服务社会化原则　规模化经营主体是农业机械化的引领者，在经营好自有土地的同时，还要尽量承担起为周边散户提供作业服务的责任。因此，农业机器配置必须兼顾自由土地作业需求与周边农户作业需求。

3.1.2　决策程序

（1）了解待决策问题所处的环境　问题所处的环境包括内部环境和外部环境。对一个农业规模化经营主体来说，内部环境包括自身驾驶员数量、辅助工人数、资金数量、经营面积、经营品种等，外部环境包括融资渠道、人才招聘、作业服务市场等。

（2）分析和定义待决策的问题　制定研究目标，即确定问题的类型及其解决方案。农业机器配置要实现的目标是在经营主体资源条件允许范围内，配置各生产环节的农业机器的种类与数量，实现经营效益最大化。

（3）拟定模型　确定待决策问题的方案后，下一步就是建立一个数学上的模型。这个模型可以表明作用与反作用之间或因果之间的关系，本章应用最优化理论构建数学模型。

（4）收集数据　建立适当的模型以后，就要准备收集该模型所需要的数据，可以从保持完善的记录、当前的试验，或者根据经验推测等方式收集数据资料。

（5）分析计算结果　将数据代入模型中，求得结果，并分析结果的正确性。

3.2　农机配置约束环境与目标分析

3.2.1　约束环境

（1）人员约束　农业机器的运转必须要有合格的驾驶员操作以及辅助工人配合，如插秧机作业需要配备 1 名驾驶员、2~3 名加秧人员、5~6 名运秧人员。因此，同一阶段作业的机器配置数量应不超过规模经营主体能够配套的驾驶员数量，并且满足辅助人员的配套。

（2）资金约束　农业经营者大多是资金实力并不太大的农户，其投资能力有限，而且融资渠道有限。因此，农业机器配置必须考虑农户可承受的投资规模，机器总额应不超过经营主体自由投资资金与融资资金总额。

（3）作业约束　规模化经营主体的作业分为两部分：为自有土地作业，为周边农户作业。为自有土地作业的优先级大于为周边农户作业。因此，农机配置数量应满足自有土地作业量约束以及为周边潜在农户服务的市场需求。

（4）时间约束　农业生产具有时效性，所有农田某生产环节的作业基本都集中在某一段时间内，不能提前也不能滞后。因此，农机配置数量应满足在规定的时间内完成所有作业。

（5）天气约束　农业机械作业主要是露天作业，容易受到天气影响，如雨天不能进行植保与收获作业、夜晚不能进行田间作业等。因此，农机配置数量应统筹考虑当地气候条件。

3.2.2　配置目标

农机配置的根本目的是在有限资源条件内获得最大的农业经营效益。规模化经营主体的效益由收入与成本决定，其中，收入包括农产品收入和农机社会化服务收入；成本分为固定成本与可变成本。

（1）农产品收入　经营主体自有耕地产的稻谷销售收入。水稻产量应为预期最高产量减去因作业不及时形成的产量损失以及收获机作业损失。由于耕整地、插秧、田间管理等其他作业环节的损失难以定量，本书暂不考虑这些损失。

（2）社会化服务收入　农机经营主体为周边农户提供耕整地、插秧（带秧服务与不带秧服务两种）、植保、施肥、收获、秸秆还田、稻谷干燥等作业，一般按作业量收费。服务模式分为两种：一种是提前签订作业合同的长期合作关系，一种是临时雇佣关系。两种服务模式收费价格不同。

（3）固定成本　固定成本主要指农业生产资料固定投资，不会随农机作业量而变化。主要包括农机购置成本以及自有耕地所需的种子、化肥、农药等农业生产资料购置成本。其中，农机购置成本是一次支出、多年使用，因此需要计算年均成本以及购置机器付出的利息成本。

（4）可变成本　可变成本是指随农机作业量而变化的成本。主要包括人工工资、机器保养维修费用、油耗等。人工工资有计时与计量两种计算方法。机器保养维修费用主要包括易损件、润滑油购置以及故障维修等支出。

3.3　构建模型

3.3.1　变量选择

（1）机器变量　设定 x_i 为第 i 款机型的配置数量，台。

（2）作业天数　设定 $x_{i,j}$ 为第 i 款机型从事第 j 项作业的作业天数（$j=1$，2，…，9），天。

（3）作业效率　设定 α_{ij} 为第 i 款机型从事第 j 项作业的作业效率，hm^2/天。

（4）人员数量　设定 A_{ij} 为第 i 款机型从事第 j 项作业的驾驶员数量，人；设定 B_{ij} 为第 i 款机型从事第 j 项作业辅助工人数量，人。

（5）机器价格　设定 D_i 为第 i 款机型单机购买价格，元/台。

（6）保养维修价格　设定 m_i 为第 i 款机型作业的日均保养维修费用，元/天。

（7）服务价格　设定 F_j 为第 j 项作业的服务收费价格，元/hm^2。

（8）可下地作业概率　可下地作业概率指天气状况良好、机器可以作业的概率。设定 γ_{ij} 为第 i 款机型从事第 j 项作业的可下地作业概率。

（9）作业损失率　设定 L_{ij} 为第 i 款机型从事第 j 项作业引起的产量损失率。由于耕、管、种、产后环节的作业损失无法衡量，因此，本书仅考虑收获作业的损失率，其他环节损失率统一定为 0。

（10）机收适时性损失系数　设定 θ 为机收适时性损失系数，T 为机收持续日期。

（11）银行利率 设定 ω 为银行 5 年定期存款利率。

（12）机具寿命 设定 N_i 为第 i 款机型的使用寿命，年。

（13）油耗 设定 Y_{ij} 第 i 款机型从事第 j 项作业引起的油耗，元/hm²。

（14）作业日期 设定 T_j 为第 j 项作业的农艺可作业期，其中 T_7 为机收作业期。

（15）其他常量 可投资农机资金额为 G 元，可提供驾驶员 H 人，自有耕地面积 S_1 hm²，预期最高单产为 P kg/hm²，稻谷售价 2.6 元/kg，种子、农药、化肥成本为 3 000 元/hm²；签订长期服务合同的面积为 S_2 hm²；周边可作业的未签订合同的面积为 S_3 hm²，公平竞争下拿到第 j 项作业订单的概率为 δ_j，驾驶员工资为 300 元/天，辅助工人工资为 100 元/天。

3.3.2 目标函数

设定的目标是经营主体的经营效益最佳，计算公式如下：

$$\max B = E_1 + E_2 + E_3 - C_1 - C_2 - C_3 - C_4 - C_5 - C_6 \tag{3-1}$$

式中，$\max B$——规模经营主体的年收益，元；

E_1——自有耕地产量收入，元；

E_2——固定合同服务收入，元；

E_3——竞争性服务收入，元；

C_1——农机购置成本，元；

C_2——人工成本，元；

C_3——机具保养维修成本，元；

C_4——油耗成本，元；

C_5——机收适时性损失成本，元；

C_6——种子、农药、化肥等农资成本，元。

（1）自有耕地产粮收入 E_1 计算公式如下：

$$E_1 = 2.6 \times (S_1 P - \sum L_{ij} x_{ij} \alpha_{ij}) \tag{3-2}$$

（2）固定合同服务收入 E_2 计算公式如下：

$$E_2 = S_2 \sum F_j \tag{3-3}$$

（3）竞争性服务收入 E_3 计算公式如下：

$$E_3 = S_3 \sum \delta_j F_j \tag{3-4}$$

（4）农机购置成本 C_1 计算公式如下：

$$C_1 = \sum \left(D_i \frac{(1+\omega)^{N_i}}{N_i} \right) \tag{3-5}$$

（5）人工成本 C_2 　计算公式如下：

$$C_2 = \sum 300 x_{ij} A_{ij} + \sum 100 x_{ij} B_{ij} \tag{3-6}$$

（6）机具保养维修成本 C_3 　计算公式如下：

$$C_3 = \sum x_{ij} m_i \tag{3-7}$$

（7）油耗成本 C_4 　计算公式如下：

$$C_4 = \sum x_{ij} \alpha_{ij} Y_{ij} \tag{3-8}$$

（8）机收适时性损失成本 C_5 　计算公式如下：

$$C_5 = \frac{2.6 S_1 P \theta \int_{-\frac{T_7}{2}}^{\frac{T_7}{2}} t^2}{T} \tag{3-9}$$

（9）农资成本 C_6 　计算公式如下：

$$C_6 = 3\,000 \times S_1 \tag{3-10}$$

所以，目标函数可以明确为：

$$\max B = 2.6 \times \left(S_1 P - \sum L_{ij} x_{ij} \alpha_{ij} \right) + S_2 \sum F_j + S_3 \sum \delta_j F_j - \sum \frac{D_i (1+\omega)^{N_i}}{N_i} -$$

$$\sum 300 x_{ij} A_{ij} - \sum 100 x_{ij} B_{ij} - \sum x_{ij} m_i - \sum x_{ij} \alpha_{ij} Y_{ij} - \frac{2.6 S_1 P \theta \int_{-\frac{T_7}{2}}^{\frac{T_7}{2}} t^2}{T}$$

$$\tag{3-11}$$

3.3.3　约束方程

（1）作业量约束　每个生产环节所有机组作业投入的作业量之和，必须大于自有耕地、长期合同服务以及竞争性服务市场作业需求之和。约束方程如下：

$$\sum_{i=1}^{n} x_{ij} \alpha_{ij} \geqslant s_1 + s_2 + \delta_j s_3 \tag{3-12}$$

式中，n——机器种数。

（2）农机配置量约束　第 i 款机型投入第 j 项作业的天数，不能超过在所有第 i 款机型在第 j 项作业可下地作业日期内能提供天数的总和。约束方程如下：

$$x_{ij} \leqslant x_i T_j \gamma_{ij} \tag{3-13}$$

（3）投资额约束　所有机器投资总和不能超过投资者的投资能力上限。约束方程如下：

$$\sum x_i D_i \leqslant G \tag{3-14}$$

（4）非负约束　约束方程如下：

$$x_i \geqslant 0 \tag{3-15}$$

3.4　具体案例

以苏州某家庭农场为例,该家庭农场可投资农机的资金额为 200 万元,通过耕地流转具有经营权的耕地面积为 20 hm²,预期最高单产为 10 500 kg/hm²,稻谷售价为 2.6 元/kg;签订长期服务合同的面积为 100 hm²,向他们提供全程机械化作业服务;周边可作业的未签订合同的面积为 1 000 hm²,农场向他们提供代耕与代收服务,公平竞争拿下代耕作业订单的概率是 10%,拿下代收作业订单的概率是 30%。目前该家庭农场年利润为 39 万元。

3.4.1　水稻机械化作业工艺安排

按照当地农艺制度安排水稻生产工艺,具体见表 3-1。

表 3-1　水稻机械化作业工艺

作业号	作业环节	作业期	技术方式	机具类型
1	翻耕	6 月 1—18 日	深翻	拖拉机、铧式犁
2	旋耕	6 月 6—28 日	—	拖拉机、旋耕机
3	育秧	5 月 21 日—6 月 5 日	盘育秧	育秧流水线
4	施肥	6 月 4—26 日	撒施化肥	拖拉机、撒肥机
5	插秧	6 月 8—23 日	插秧	插秧机
6	植保	根据虫情预报,5 天内完成	喷雾	高地隙植保机
7	收获	10 月 28 日—11 月 15 日	联合收获	联合收割机
8	秸秆还田	11 月 1—17 日	粉碎还田	拖拉机、秸秆还田机
9	干燥	稻谷收割后 5 天内完成	烘干	烘干机

3.4.2　作业机具选择

在机器选型的基础上,自走式机器给定 3 款隶属度较大的机型供选择,农具给定 1 款机型供选择(表 3-2)。

表 3-2　拟配置的供选择机型

作业机具	机型 1	机型 2	机型 3
拖拉机	John Deere 804 ($x1$)	久保田 M954KQ ($x2$)	欧豹 M904 ($x3$)
旋耕机	东方红 1GM-210 ($x4$)		
铧式犁	汉美 1LS-635 ($x5$)		
撒肥机	伊诺罗斯 SP-500 ($x6$)		

（续表）

作业机具	机型 1	机型 2	机型 3
高地隙植保机	雷沃 3WP-500（$x7$）	东风 3WP-500（$x8$）	永佳 3WSH-1000（$x9$）
育秧流水线	矢崎 SYS-550C（$x10$）		
插秧机	久保田 2ZGQ-6G2（$x11$）	井关 PZ60G（$x12$）	富来威 2ZG-6DK（$x13$）
联合收割机	久保田 4LBZ-172B（$x14$）	久保田 4LZ-2.5（$x15$）	谷神 RG25（$x16$）
秸秆还田机	豪丰 4J-165（$x17$）		
烘干机	三久 NEW PRO-120H（$x18$）		

3.4.3 水稻机收适时性损失系数确定

水稻适时最高产量或预期产量是指按照农艺要求种植，排除因收割机、人工、自然等外部因素造成的损失，且在最佳收获日收获所得到的谷物质量。然而，收获期间无可避免会产生损失，如不在最佳收获日收获使谷粒没有达到最饱满状态而造成的损失、因收获机作业过程的碰撞而掉粒、谷物被秸秆夹带或未通过筛网而排出脱粒滚筒进而造成的损失等，掉粒损失与收割机排出的损失都是稻谷粒损失。总的来说，稻谷收获损失量可以分为干物质损失和稻谷粒损失，且随收获日期动态变化。2014 年 11 月 4—18 日在南京市江宁区土桥公社稻麦香农业合作社开展了水稻机收适时性损失试验，测得水稻机收适时性损失系数为 0.000 9。

3.4.4 机器关键参数

通过面向苏州、泰州、宿迁 3 地的实地调研，得到各拟配置机器的价格、使用寿命、作业效率、油耗、保养维修费率、人员数量、人员工资等数据（表 3-3）。

表 3-3 作业机组关键参数

机器	作业效率/（hm²/天）	驾驶员/人	辅助工人/人	驾驶员工资/（元/天）	辅助工人工资/（元/天）	保养维修费率/（元/天）	油耗/（L/天）	服务价格/（元/hm²）	主机价格/（元/年）	机具价格/（元/年）	可下地作业概率/%
John Deere 804、东方红 1GM-210	3.0	1	0	300		10	170	1 200	17 051	2 550	100

（续表）

机器	作业效率/(hm²/天)	驾驶员/人	辅助工人/人	驾驶员工资/(元/天)	辅助工人工资/(元/天)	保养维修费率/(元/天)	油耗/(L/天)	服务价格/(元/hm²)	主机价格/(元/年)	机具价格/(元/年)	可下地作业概率/%
久保田M954KQ、东方红1GM-210	4.0	1	0	300		10	200.0	1 200	22 298		100
欧豹M904、东方红1GM-210	3.5	1	0	300		10	190.0	1 200	13 116		100
John Deere 804、汉美1LS-635	4.0	1	0	300		10	170.0	1 200		1 535	100
久保田M954KQ、汉美1LS-635	5.0	1	0	300		10	200.0	1 200			100
欧豹M904、汉美1LS-635	4.5	1	0	300		10	190.0	1 200			100
John Deere 804、伊诺罗斯SP-500	10.0	1	1	300	100	10	170.0	300		1 580	85
久保田M954KQ、伊诺罗斯SP-500	12.0	1	1	300	100	10	200.0	300			85
欧豹M904、伊诺罗斯SP-500	11.0	1	1	300	100	10	190.0	300			85
雷沃3WP-500	30.0	1	1	300	100	6	48.1	150	15 543		80
东风3WP-500	33.0	1	1	300	100	6	40.0	150	14 887		80
永佳3WSH-1000	28.0	1	1	300	100	6	57.6	150	14 231		80
矢崎SYS-550C	4 000[a]		4		100			2 000	2 505		100
久保田2ZGQ-6G2	1.8	1	6	300	100	6	24.5	1 500	9 170		100
井关PZ60G	1.5	1	6	300	100	6	40.3	1 500	7 831		100
富来威2ZG-6DK	1.3	1	6	300	100	6	31.1	1 500	6 034		100

（续表）

机器	作业效率/(hm²/天)	驾驶员/人	辅助工人/人	驾驶员工资/(元/天)	辅助工人工资/(元/天)	保养维修费率/(元/天)	油耗/(L/天)	服务价格/(元/hm²)	主机价格/(元/年)	机具价格/(元/年)	可下地作业概率/%
久保田 4LBZ-172B	2.5	1	1	300	100	16	190.4	1 200	41 930		80
久保田 4LZ-2.5	2.2	1	0	300		15	141.8	1 200	17 859		80
谷神 RG25	2.0	1	0	300		15	158.5	1 200	15 690		80
John Deer 804、豪丰 4J-165	3.0	1	0	300		10	170.0	480		1 638	100
久保田 M954KQ、豪丰 4J-165	4.0	1	0	300		10	200.0	480			100
欧豹 M904、豪丰 4J-165	3.5	1	0	300		10	190.0	480			100
三久 NEW PRO-120H	12 000[b]	0	2		100		0.06[c]	0.2[d]	14 924		100

注：数据经调研获得，其中可下地作业概率指天气正常机器可下地作业的概率；[a] 单位是盘/天；[b] 单位是 kg/天；[c] 单位是元/kg；[d] 单位是元/kg。

3.4.5 设变量、编目标函数与约束方程

（1）设变量 设定的变量具体如下。

x_1，x_2，…，x_{18} 具体见表 3-2。

x_{19}——John Deere 804 与东方红 1GM-210 机组进行旋耕作业的天数，天；

x_{20}——久保田 M954KQ 与东方红 1GM-210 机组进行旋耕作业的天数，天；

x_{21}——欧豹 M904 与东方红 1GM-210 机组进行旋耕作业的天数，天；

x_{22}——John Deere 804 与汉美 1LS-635 机组进行深翻作业的天数，天；

x_{23}——久保田 M954KQ 与汉美 1LS-635 机组进行深翻作业的天数，天；

x_{24}——欧豹 M904 与汉美 1LS-635 机组进行深翻作业的天数，天；

x_{25}——John Deere 804 与伊诺罗斯 SP-500 机组进行施肥作业的天数，天；

x_{26}——久保田 M954KQ 与伊诺罗斯 SP-500 机组进行施肥作业的天数，天；

x_{27}——欧豹 M904 与伊诺罗斯 SP-500 机组进行施肥作业的天数，天；

x_{28}——雷沃 3WP-500 进行植保作业的天数，天；

x_{29}——东风 3WP-500 进行植保作业的天数，天；

x_{30}——永佳 3WSH-1000 进行植保作业的天数，天；

x_{31}——矢崎 SYS-550C 进行育秧播种作业的天数，天；

x_{32}——久保田 2ZGQ-6G2 进行插秧作业的天数，天；

x_{33}——井关 PZ60G 进行插秧作业的天数，天；

x_{34}——富来威 2ZG-6DK 进行插秧作业的天数，天；

x_{35}——久保田 4LBZ-172B 进行收获作业的天数，天；

x_{36}——久保田 4LZ-2.5 进行收获作业的天数，天；

x_{37}——谷神 RG25 进行收获作业的天数，天；

x_{38}——John Deere 804 与豪丰 4J-165 机组进行秸秆还田作业的天数，天；

x_{39}——久保田 M954KQ 与豪丰 4J-165 机组进行秸秆还田作业的天数，天；

x_{40}——欧豹 M904 与豪丰 4J-165 机组进行秸秆还田作业的天数，天；

x_{41}——三久 NEW PRO-120H 进行稻谷烘干作业的天数，天。

（2）约束方程　主要包括作业量约束、农机配置量约束、投资额约束和非负约束。

①作业量约束。

作业量包括耕整地、田间管理、种植、收获、秸秆还田和烘干 6 个阶段。各阶段的约束方程如下。

耕整地阶段：

$$3x_{19} + 4x_{20} + 3.5x_{21} \geqslant 220$$
$$4x_{22} + 5x_{23} + 4.5x_{24} \geqslant 220 \tag{3-16}$$

田间管理阶段：

$$10x_{25} + 12x_{26} + 11x_{27} \geqslant 120$$
$$30x_{28} + 33x_{29} + 28x_{30} \geqslant 120 \tag{3-17}$$

种植阶段：

$$4\,000x_{31} \geqslant 120 \times 15 \times 26 \tag{3-18}$$

水稻亩均需秧量为 26 盘。

$$1.8x_{32} + 1.5x_{33} + 1.3x_{34} \geqslant 120 \tag{3-19}$$

收获阶段：

$$2.5x_{35} + 2.2x_{36} + 2x_{37} \geqslant 420 \tag{3-20}$$

秸秆还田阶段：

$$3x_{38} + 4x_{39} + 3.5x_{40} \geqslant 120 \tag{3-21}$$

烘干阶段：

$$12\,000x_{41} \geqslant 210\,000 \tag{3-22}$$

烘干的作业量约束不是硬性要求，干燥能力达不到要求还可以选择直接出售湿谷，不会造成重大损失。烘干配置以保障自主经营的粮食干燥需求为目标。

②农机配置量约束。

农机配置量的约束方程如下：

$$
\begin{cases}
x_{19} \leqslant 23x_1 \\
x_{19} \leqslant 23x_4 \\
x_{20} \leqslant 23x_2 \\
x_{20} \leqslant 23x_4 \\
x_{19} + x_{20} \leqslant 23x_4 \\
x_{21} \leqslant 23x_3 \\
x_{21} \leqslant 23x_4 \\
x_{19} + x_{20} + x_{21} \leqslant 23x_4 \\
x_{22} \leqslant 18x_1 \\
x_{22} \leqslant 18x_5 \\
x_{23} \leqslant 18x_2 \\
x_{23} \leqslant 18x_5 \\
x_{22} + x_{23} \leqslant 18x_5 \\
x_{24} \leqslant 18x_3 \\
x_{24} \leqslant 18x_5 \\
x_{21} + x_{22} + x_{23} \leqslant 18x_5 \\
x_{19} + x_{22} \leqslant 28x_1 \\
x_{20} + x_{23} \leqslant 28x_2 \\
x_{21} + x_{24} \leqslant 28x_3 \\
x_{25} \leqslant 23 \times 0.85x_1 \\
x_{25} \leqslant 23 \times 0.85x_6 \\
x_{26} \leqslant 23 \times 0.85x_2 \\
x_{26} \leqslant 23 \times 0.85x_6 \\
x_{25} + x_{26} \leqslant 23 \times 0.85x_6 \\
x_{27} \leqslant 23 \times 0.85x_3 \\
x_{27} \leqslant 23 \times 0.85x_6 \\
x_{25} + x_{26} + x_{27} \leqslant 23 \times 0.85x_6 \\
x_{19} + x_{25} \leqslant 25x_1 \\
x_{22} + x_{25} \leqslant 28x_1 \\
x_{19} + x_{22} + x_{25} \leqslant 28x_1 \\
x_{20} + x_{26} \leqslant 25x_2
\end{cases}
\tag{3-23}
$$

$$\begin{cases} x_{23} + x_{26} \leqslant 28x_2 \\ x_{20} + x_{23} + x_{26} \leqslant 28x_1 \\ x_{21} + x_{27} \leqslant 25x_3 \\ x_{24} + x_{27} \leqslant 28x_3 \\ x_{21} + x_{24} + x_{27} \leqslant 28x_3 \\ x_{28} \leqslant 5 \times 0.8x_7 \\ x_{29} \leqslant 5 \times 0.8x_8 \\ x_{30} \leqslant 5 \times 0.8x_9 \\ x_{31} \leqslant 16x_{10} \\ x_{32} \leqslant 16x_{11} \\ x_{33} \leqslant 16x_{12} \\ x_{34} \leqslant 16x_{13} \\ x_{35} \leqslant 19 \times 0.8x_{14} \\ x_{36} \leqslant 19 \times 0.8x_{15} \\ x_{37} \leqslant 19 \times 0.8x_{16} \\ x_{38} \leqslant 17x_1 \\ x_{38} \leqslant 17x_{17} \\ x_{39} \leqslant 17x_2 \\ x_{39} \leqslant 17x_{17} \\ x_{40} \leqslant 17x_3 \\ x_{40} \leqslant 17x_{17} \\ x_{41} \leqslant 24x_{18} \end{cases} \quad (3-23)$$

③投资额约束。

投资额约束方程如下：

$$13x_1 + 17x_2 + 10x_3 + 0.915x_4 + 0.67x_5 + 0.69x_6 + 11.85x_7 +$$
$$11.35x_8 + 10.85x_9 + 1.91x_{10} + 6.991x_{11} + 5.97x_{12} + 4.6x_{13} +$$
$$27x_{14} + 11.5x_{15} + 6.85x_{16} + 0.588x_{17} + 9.61x_{18} \leqslant 200 \quad (3-24)$$

④非负约束。

非负约束方程如下： $x_i(i = 1, 2, \cdots, 41) \geqslant 0$ $\qquad$ (3-25)

（3）目标函数 目标函数具体如下：

$\max B = 2.6 \times (20 \times 10\,500 - 0.02 \times 2.5x_{35} - 0.025 \times 2.2x_{36} - 0.03 \times 2x_{37}) +$
$8\,300 \times 100 + 1\,200 \times 100 + 300 \times 1\,200 - 17\,051x_1 - 22\,298x_2 - 13\,116x_3 -$
$2\,550x_4 - 1\,535x_5 - 1\,580x_6 - 15\,543x_7 - 14\,887x_8 - 14\,231x_9 - 2\,505x_{10} -$

$$9\ 170x_{11} - 7\ 831x_{12} - 6\ 034x_{13} - 41\ 930x_{14} - 17\ 859x_{15} - 15\ 690x_{16} - 1\ 638x_{17} -$$
$$14\ 924x_{18} - 300x_{19} - 300x_{20} - 300x_{21} - 300x_{22} - 300x_{23} - 300x_{24} - 300x_{25} - 300x_{26} -$$
$$300x_{27} - 400x_{28} - 400x_{29} - 400x_{30} - 400x_{31} - 900x_{32} - 900x_{33} - 900x_{34} - 400x_{35} -$$
$$300x_{36} - 300x_{37} - 300x_{38} - 300x_{39} - 300x_{40} - 200x_{41} - 10x_{19} - 10x_{20} - 10x_{21} - 10x_{22} -$$
$$10x_{23} - 10x_{24} - 10x_{25} - 10x_{26} - 10x_{27} - 6x_{28} - 6x_{29} - 6x_{30} - 6x_{32} - 6x_{33} - 6x_{34} - 16x_{35} -$$
$$15x_{36} - 15x_{37} - 10x_{38} - 10x_{39} - 10x_{40} - 6.12 \times 170 \times 3x_{19} - 6.12 \times 200 \times 4x_{20} -$$
$$6.12 \times 290 \times 3.5x_{21} - 6.12 \times 170 \times 4x_{22} - 6.12 \times 200 \times 5x_{23} - 6.12 \times 190 \times 4.5x_{24} -$$
$$6.12 \times 170 \times 10x_{25} - 6.12 \times 200 \times 12x_{26} - 6.12 \times 190 \times 11x_{27} - 6.12 \times 48.1 \times$$
$$30x_{28} - 6.42 \times 40 \times 33x_{29} - 6.12 \times 57.6 \times 28x_{30} - 6.42 \times 24.5 \times \times 1.8x_{32} - 6.42 \times$$
$$40.3 \times 1.5x_{33} - 6.42 \times 31.1 \times 1.3x_{34} - 6.12 \times 190.4 \times 2.5x_{35} - 6.12 \times 141.8 \times$$
$$2.2x_{36} - 6.12 \times 158.5 \times 2x_{37} - 6.12 \times 170 \times 3x_{38} - 6.12 \times 200 \times 4x_{39} - 6.12 \times 190 \times$$
$$3.5x_{40} - 0.06 \times 12\ 000x_{41} - 2.6 \times 20 \times 10\ 500 \times 0.000\ 9 \times \frac{19}{12} - 20 \times 3\ 000$$

$$(3-26)$$

3.4.6 规划结果

基于 Excel 2007 规划求解模块进行计算，规划求解结果见表 3-4，同时得到家庭农场经营效益值为 51 万元，机器投资金额为 160 万元。

表 3-4　规划求解结果

变量名称	变量值	变量名称	变量值
$x1$	3.188 41	$x10$	0.731 25
$x2$	6.94E-11	$x11$	4.166 67
$x3$	2.243 69	$x12$	0.000 00
$x4$	3.188 41	$x13$	0.000 00
$x5$	2.243 69	$x14$	0.000 00
$x6$	2.065 80	$x15$	3.588 52
$x7$	0.000 00	$x16$	−3.46E-10
$x8$	0.909 09	$x17$	2.352 94
$x9$	4.547E-12	$x18$	0.729 17

机具的数量必须为大于等于 0 的整数，因此将表 3-4 中的指标值取整，数值取整后同类机器数量总和不变小，取整后机器投资金额为 180 万元，家庭农场经营利润为 48 万元，效益值较原规划值减小 5.88%，可以接受。取整后新的机器

规划结果见表3-5。

表3-5 取整后新的机器规划结果

变量名称	机器名称	台数/台	变量名称	机器名称	台数/台
$x1$	John Deere 804 拖拉机	3	$x10$	矢崎 SYS-550C 育秧流水线	1
$x2$	久保田 M954KQ 拖拉机	0	$x11$	久保田 2ZGQ-6G2 插秧机	5
$x3$	欧豹 M904 拖拉机	3	$x12$	井关 PZ60G 插秧机	0
$x4$	东方红 1GM-210 旋耕机	3	$x13$	富来威 2ZG-6DK 插秧机	0
$x5$	汉美 1LS-635 铧式犁	3	$x14$	久保田 4LBZ-172B 联合收割机	0
$x6$	伊诺罗斯 SP-500 撒肥机	2	$x15$	久保田 4LZ-2.5 联合收割机	4
$x7$	雷沃 3WP-500 植保机	0	$x16$	谷神 RG25 联合收割机	0
$x8$	东风 3WP-500 植保机	1	$x17$	豪丰 4J-165 秸秆还田机	3
$x9$	永佳 3WSH-1000 植保机	0	$x18$	三久 NEW PRO-120H 烘干机	1

3.5 本章小结

本章按照成本最小化原则、作业时效性原则、服务社会化原则，基于最优化理论，以生产收益与作业社会化服务收益综合最大化为目标，符合人员约束、资金约束、作业约束、时间约束、天气约束等约束条件，构建了农业机器配置模型。以江苏省某合作社为研究对象，通过农业机器优化配置模型模拟出能满足其作业需求且效益最高的机器配置方案。

一是构建了基于最优化理论的农业机器配置模型。模型包括目标函数与约束方程，其中目标函数为最大的经营效益，由自有耕地产量收入、固定合同服务收入、竞争性服务收入、农机购置成本、人工成本、机具保养维修成本、油耗成本、机收适时性损失成本等组成；约束方程由作业量约束、农机配置量约束、投资额约束、非负约束组成，其中作业量约束又融合了天气约束、时间约束、人员约束条件。与以往的农机配置模型相比，在目标函数中引入了固定合同服务收入和竞争性服务收入，更符合我国规模经营主体的既要自主生产又要承担社会化服务收入的实际情况；在约束方程中引入了投资额约束，更符合当前我国农业经营主体资金实力不强、融资渠道有限的现实情况。

二是以苏州某家庭农场为对象进行农业机器优化配置。设置了18个机器变量、23个机器作业天数变量；编制了103个约束方程，包括9个作业量约束方程、53个机器数量约束方程、1个资金约束方程、41个非资约束方程；编制了1个目标函数。基于单纯型迭代算法求得了最优解，并对结果进行了取整处理。配置方案如下：在合作社拥有200万元投资限额、20 hm² 自有耕地、签订100 hm²

固定服务合同及可能通过公平竞争获得 100 hm² 服务合同的条件下，应配置 John Deere 804 拖拉机 3 台、欧豹 M904 拖拉机 3 台、东方红 1GM-210 旋耕机 3 台、汉美 1LS-635 铧式犁 3 台、伊诺罗斯 SP-500 撒肥机 3 台、东风 3WP-500 植保机 1 台、矢崎 SYS-550C 育秧流水线 1 台、久保田 2ZGQ-6G2 插秧机 5 台、久保田 4LZ-2.5 联合收割机 4 台、豪丰 4J-165 秸秆还田机 3 台和三久 NEW PRO-120H 烘干机 1 台。在该方案下，合作社年收益为 48 万元，机器投资金额为 180 万元。

第四章　农机调度信息获取

为实现农机的智能调度，需要获取一些与农机作业密切相关的信息，如农田道路、形状及面积、作物信息等。通过无人机采集数据，并利用一些系统及平台对数据进行分析及计算，可得出较为准确的农田信息。同时，农机自身的作业进度信息也很重要，以收割机为例，通过一系列的算法计算出农机的作业进度信息，以此为农机调度服务。

农机自动驾驶是精准农业的重要组成部分，可应用于播种、施肥、喷药、收获等生产全过程。卫星导航技术具有导航精度高但灵活性差的特点，可实现农机按照既定轨迹行走，适用于耕整地农机的自动驾驶导航场景。甘蓝因具有耐寒、产量高等优点成为种植广泛的蔬菜，其施药、收获过程的效率制约甘蓝的产量。施药、收获机械使用导航线规划技术能够达到提高生产效率的效果。甘蓝在生长过程中颜色和形状会发生改变，使用卫星导航易发生甘蓝施药、收获机械碾压叶菜边缘的情况。基于计算机视觉的导航技术具有导航成本低、灵活性好的特点，适用于甘蓝施药、收获机械的自动驾驶场景。已有研究对绿色蔬菜作物导航线规划的思路如下：使用过绿特征法对图像进行灰度处理，将绿色作物作为目标提取主体在图像中突出，提取纹理信息特征，使用滑动窗口法确定导航关键点，使用直线拟合方法对导航线进行拟合或使用霍夫（Hough）变换方法直接确定导航线所在位置。

图像灰度处理是视觉导航的第一步，其效果直接影响后续算法的表现，已有的导航线规划方法是基于过绿特征法进行图像灰度处理的，该方法对绿色较为敏感，在甘蓝种植和收获机械导航中应用具有两个缺点：一是绿色蔬菜在不同的生长时期其绿色深浅会发生改变，这种情况下使用过绿特征法会影响灰度效果；二是田间杂草也为绿色，使用过绿特征法进行图像灰度处理会将杂草也作为目标突出出来，影响导航关键点的选择。

为解决以上两个问题，本章提出将垄间距作为灰度和分割目标，拟采用过红特征法进行图像灰度处理，以不同生长时期的甘蓝为试验对象，提高甘蓝施药、收获机械的双侧和中心导航线的精度。

4.1 农田道路信息

为了解南京丘陵地区农田现状，研究数据主要来源于 2018 年覆盖南京全境的 0.3 m 航空摄影数据（比例尺 1∶500），由机载激光雷达（LiDAR）数据生成的高精度数字高程模型（DEM）数据（采样间距 2.5 m）。数据处理软件为 ArcGIS10.2，软件运行计算机 CPU 为酷睿 i7，8G 内存。在南京市浦口区、江宁区、六合区、溧水区、高淳区 5 个涉农区各随机抽取 2 个自然村，共计 10 个抽样村。利用 ArcGIS 空间工作平台和空间分析工具，通过空间读取、空间叠加、空间分析等技术手段，分别绘制抽样村的地块封闭边界和其他地形要素的空间图形，填写相关属性，提出矢量属性标中每个绘制地块的面积。通过面积、长、宽等相关空间属性计算工具和手段计算出每个绘制地块最小外接矩形 4 个顶点坐标，套叠相应地区的 DEM 数据，通过纠正、平差等技术手段求出每个地块的平均高程。使用无人机采集道路及田块数据，通过图像处理方法识别农田类别与道路通达情况。然后计算出抽样村田块的宜机化评价指标值，综合评价农田机械化作业条件。

4.2 农田宜机化评价方法与结果

从农田形状、长宽比、面积、高差、道路通达性 5 个与农机作业密切相关的维度计算农田宜机化评价指标值，并考虑农田利用类别，综合评价农田机械化作业条件。

4.2.1 农田形状

在实际情况中农田形状越接近矩形，农业机械作业效率越高。因此，利用矩形度（R）来表征农田形状的宜机化程度，矩形度（R）用农田面积（A）与其最小外接矩形面积（A_{MER}）之比表示，其示意图见图 4-1，矩形度计算公式见式（4-1）。矩形度取值范围为 $0 < R \leqslant 1$，当农田形状为矩形时，$R=1$；农田形状越不规则 R 取值越小。因此，R 取值越大，农田形状宜机化程度越高。

$$R = \frac{A}{A_{MER}} \tag{4-1}$$

根据式（4-1），将所有抽样农田按照 5 个等级分类（图 4-2），可以发现，矩形度分布在 [0，0.2) 区间内的农田数量最少，仅 5 个，占总抽样农田数的 0.48%；在 [0.2，0.4) 区间内的农田数量为 191 个，占总抽样农田数的 18.37%；在 [0.4，0.6) 区间内农田数量为 391 个，占总抽样农田数的 37.59%；在 [0.6，0.8) 区间内的农田数量为 327 个，占总抽样农田数的 31.44%；在 [0.8，1.0] 区间内的农田数量为 126 个，占总抽样农田数的

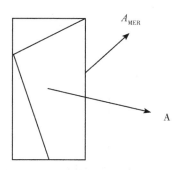

图 4-1　农田矩形度示意图

12.12%。从统计结果可以看出，浦口区的农田矩形度较低，集中在［0.34，0.37］区间内，南京大部分农田的矩形度分布在［0.4~0.8）区间内，说明目前南京农田形状宜机化情况仍需加强。

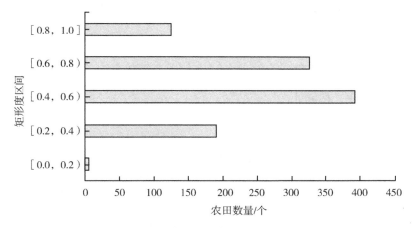

图 4-2　农田矩形度分布

4.2.2　农田长宽比

农田长宽比越大，转弯掉头时间占总作业时间的比重越小，农机作业效率损失也越小。农田形状复杂，部分农田较难区分长度与宽度，因此，为便于度量，利用农田最小外接矩形的长宽比来表征农田长宽比，其示意图见图 4-3，计算公式见式（4-2）。

$$R = \frac{a}{b} \tag{4-2}$$

将所有抽样农田按照 5 个等级分类（图 4-4），可以发现，农田长宽比小于 2

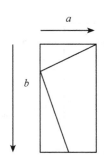

图 4-3　农田最小外接矩行长宽比示意图

的农田数量最多，有 844 个，占总抽样农田数的 81.15%；在 [2，4) 区间内的农田数量为 170 个，占总抽样农田数的 16.35%；在 [4，6) 区间内的农田数量为 20 个，占总抽样农田数的 1.92%；在 [6，∞) 的农田数量为 6 个，占总抽样农田数的 0.58%。从统计结果可以看出，南京农田长宽比总体偏低，其中浦口区农田长宽比小于 2 的占比最高，占该区抽样农田数的 81.15%。

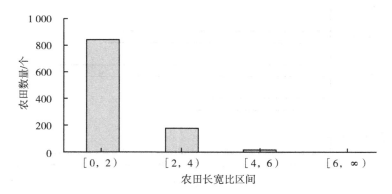

图 4-4　农田长宽比数据分布

4.2.3　农田面积

农机作业幅宽及体积不断变大，农田面积过小，将影响农机转弯掉头灵便性，无法充分发挥大中型机具的效率优势。一般来说，农田面积越大，农机作业效率越高。因此，利用 ArcGIS 自动计算出抽样村的农田面积，将所有抽样农田按照 11 个等级分类（图 4-5）。可以发现，单块农田面积小于 0.2 hm² 的农田最多，达到 545 个，占总抽样农田数的 52.40%；在 [0.2 hm²，0.4 hm²) 区间内的农田数为 306，占总抽样农田数的 29.42%；[0.4 hm²，0.6 hm²) 区间内农田数为 54，占总抽样农田数的 5.19%；[0.6 hm²，0.8 hm²) 区间内的农田数为

24，占总抽样农田数的 2.31%；[0.8 hm², 1.0 hm²) 区间内的农田数为 32，占总抽样农田数的 3.08%；[1.0 hm², 1.2 hm²) 区间内的农田数为 21，占总抽样农田数的 2.02%；[1.2 hm², 1.4 hm²) 区间内的农田数为 16，占总抽样农田数的 1.54%；[1.4 hm², 1.6 hm²) 区间内的农田数为 19，占总抽样农田数的 1.83%；[1.6 hm², 1.8 hm²) 区间内的农田数为 12，占总抽样农田数的 1.15%；[1.8 hm², 2.0 hm²) 区间内的农田数为 6，占总抽样农田数的 0.58%；[2.0 hm², 2.2 hm²] 区间内的农田数为 5，占总抽样农田数的 0.48%。从以上统计及分析可以得出，南京田块面积总体偏小，全市小于 6 亩的农田数量最多，占总农田数的 81.82%。

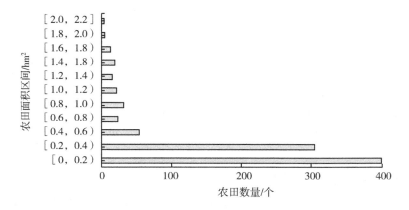

图 4-5 农田面积数据分布

4.2.4 农田高差

地形不平整是丘陵地区典型特征，主要表现为不同农田不在同一海拔高度，相邻农田之间有高差，影响农业机械田间转移效率。因此，利用农田平均高差 h 来表征农田高差，计算公式见式（4-3）。

$$h_i = \frac{l_{imax} - l_{imin}}{m_i} \qquad (4-3)$$

式中，h_i ——第 i 个抽样区农田平均高差，m；

l_{imax} ——第 i 个抽样区农田最大高程，m；

l_{imin} ——第 i 个抽样区农田最小高程，m；

m_i ——第 i 个抽样区最大高程与最小高程农田之间间隔的农田数量。

利用 ArcGIS 提取抽样农田的 DEM 数据，平均每个农田选择 3 个点，取其平均值，得到抽样村最大高程、最小高程，然后利用式（4-3）计算抽样区农田的平均高差（表 4-1）。抽样村农田平均高差小于 0.5 m 的村庄有 7 个，占比70%，平均高差在0.5~1 m的村庄有3个，占比30%。抽样村农田的高差平均值约为0.35 m。从统计结果可以看出，南京地区农田间的高差大多小于0.5 m，农田之间高差总体较小。为增加机械作业及转移效率，应加强高差在0.5 m以上的农田整治力度。

表4-1 抽样村农田高差 单位：m

抽样点	最大高程	最小高程	相差农田数	平均高差
黄墩村	6.3	4.9	22	0.06
张墩村	5.2	4.8	11	0.04
东北村	6.3	5.8	5	0.10
南窑村	5.6	5.3	6	0.05
小岗村	32.9	19.8	16	0.82
西王营村	18.8	10.8	17	0.47
南史村	10.9	7.9	16	0.19
水晶村	19.5	9.2	15	0.69
蒋家墩村	7.0	4.7	5	0.46
油榨村	12.7	6.5	10	0.62

4.2.5 农田道路通达性

农田道路通达性是影响农机作业及转移效率的重要因素。通过图像识别技术识别田间道路，统计各个农田道路直接通达比例，反映农田道路情况，使用式（4-4）来计算道路通达率。农田道路通达率在80%以上的村庄有7个，占比70%。农田道路通达率在50%~80%的村庄有1个，占比10%。农田道路通达率在50%以下的村庄有2个，占比20%（表4-2）。从统计结果可以看出，浦口区农田道路通达率相对较小。抽样村农田道路通达率可达91.86%。

$$R = \frac{A}{B} \tag{4-4}$$

式中，A——有道路直接通达的农田数；

B——参与统计的农田总数。

表4-2 抽样村农田道路通达性统计

抽样点	农田数/个	道路通达的农田数/个	道路通达率/%
黄墩村	50	23	46.00
张墩村	50	24	48.00

（续表）

抽样点	农田数/个	道路通达的农田数/个	道路通达率/%
东北村	102	99	97.06
南窑村	62	58	93.55
小岗村	292	273	93.49
西王营村	124	122	98.39
南史村	225	214	95.11
水晶村	56	43	76.79
蒋家墩村	260	258	99.23
油榨村	142	136	95.77

4.2.6 农田利用类别

个别区域在农田利用形式上有稻虾（稻蟹）共作模式，该模式虽对提升粮食品质、提高农民收入有帮助，但不利于发挥机械化作业效率。通过图像识别手段对抽样村进行农田利用类型识别，对识别后的结果进行统计，统计结果见表4-3。从表4-3可以看出，大部分农田为单作模式，稻虾（稻蟹）共作模式的农田主要集中在高淳区，溧水区也有部分稻虾（稻蟹）共作模式农田。

表4-3 抽样村农田利用类别统计表

抽样点	抽样农田总数/个	单作模式农田数/个	单作模式占比/%
黄墩村	108	108	100.00
张墩村	97	97	100.00
东北村	93	93	100.00
南窑村	97	97	100.00
小岗村	150	150	100.00
西王营村	125	125	100.00
南史村	100	100	100.00
水晶村	95	94	98.95
蒋家墩村	75	2	2.67
油榨村	100	21	21.00

4.3 机器作业进度信息

本书提出了一种基于收割机行走轨迹与割台状态识别的作业进度监测方法，通过实时同步采集收割机位置与过桥角度信息，计算割台离地高度判别收割机是否处于收割状态，确定收割机是否为有效轨迹，最终选取收割机有效轨迹参与面积测算，提高作业面积的测量精度，为中国南方地区细碎耕地的农机作业进度远程动态监测提供解决方案。

4.3.1 数据采集系统

选用角度传感器、北斗定位模块、通用分组无线业务（GPRS）通信模块、CPU 模块组成收割机数据采集终端，系统框架具体见图 4-6。系统由收割机车载电瓶提供 12 V 直流电源，角度传感器安装于收割机过桥上，实时采集收割机的过桥角度；北斗定位模块实时接收北斗卫星定位数据，采集收割机的经纬度。收割机过桥角度与经纬度数据通过 GPRS 模块以 12 次/min 的频率传回服务器。

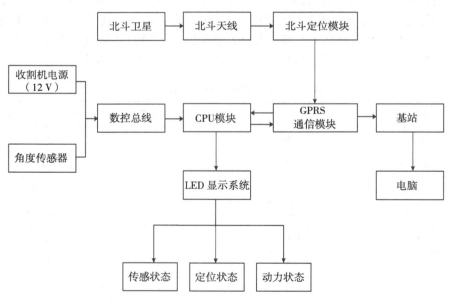

图 4-6　收割机作业数据采集系统框架

注：GPRS 为通用分组无线业务；LED 为发光二极管。

4.3.2　割台高度计算方法

利用角度传感器采集收割机过桥表面与地平面之间的夹角 α，结合收割机过桥转轴到地面的固定高度 H，以及过桥长度 L（图4-7），通过式（4-5）计算得到收割机割台割刀距车轮底部的高度 h。

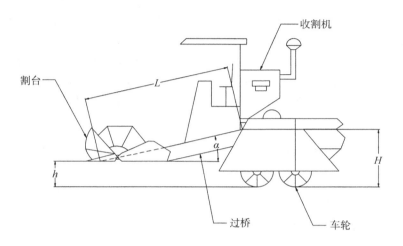

图 4-7　收割机车身参数

注：α 为收割机过桥表面与地平面之间的夹角；H 为收割机过桥转轴到地面的固定高度；L 为过桥长度；h 为收割机割台割刀距车轮底部的高度。

$$h = H - L\sin\alpha \tag{4-5}$$

由于收割机自重较大，在未硬化的农田中行走车轮会下陷，需要引入车轮沉降深度 η，由此计算得到割台离地高度 h^*。

$$h^* = h - \eta \tag{4-6}$$

通过 h^* 值判别收割机的收割状态：当收割机处于收割状态时，割台高度会降低，以适应作物穗头的高度，一般稻麦联合收割机收割时，割台高度不会超过 50 cm；当收割机在掉头转弯或在路上行驶时，驾驶员会抬高割台高度，以保护割刀安全以及避免碰撞穗头造成损失，此时，割台高度会大于 50 cm。因此，可以通过式（4-7）识别收割机的有效轨迹。

$$\theta = \begin{cases} 1 & h^* \leqslant 50 \\ 0 & h^* > 50 \end{cases} \tag{4-7}$$

式（4-7）中 θ 是收割机轨迹的判别系数。$\theta=1$ 时，收割机处于作业状态，运动轨迹有效；$\theta=0$ 时，收割机处于非作业状态，运动轨迹无效。

4.3.3 作业面积计算方法

4.3.3.1 高斯投影算法

北斗定位系统采用 CGCS2000 椭球坐标系 (B, L)，为方便面积计算，需要将椭球坐标投影为平面直角坐标 (X, Y)。高斯投影是最常用的投影方法，也称等角横切椭圆柱投影。投影时，假想将一个椭圆柱横切于地球椭球某一经线，即中央经线，根据等角条件，用数学分析方法将地球椭球面上的点投影到椭圆柱面上，沿椭圆柱的母线展开为平面。然后，在此平面上建立平面直角坐标系：以中央经线和赤道投影的交点为原点，中央经线投影为 X 轴，正方向指向地理北极，赤道投影为 Y 轴，向东为正方向。从椭球面上一点 (B, L) 到高斯平面直角坐标系中一点 (X, Y) 的投影公式见式（4-8）与式（4-9）。

$$x = f(B, l) = S + \frac{1}{2}Nt\cos^2 Bl^2 + \frac{1}{24}Nt(5 - t^2 + 9\eta^2 + 4\eta^4)\cos^4 Bl^4 +$$

$$\frac{1}{720}Nt(61 + 58t^2 - t^4 + 270\eta^2 - 330t^2\eta^2)\cos^6 Bl^6 + \cdots \quad (4-8)$$

$$y = g(B, l) = N\cos Bl + \frac{1}{6}N(1 - t^2 + \eta^2)\cos^3 Bl^3 +$$

$$\frac{1}{120}N(5 - 18t^2 + t^4 + 14\eta^2 - 58t^2\eta^2)\cos^5 Bl^5 + \cdots \quad (4-9)$$

式中，$l = L - L_0$，L_0 为中央经线；$\eta = e'\cos B$，e' 为参考椭球的第二偏心率；$t = \tan B$；N 为法截线曲率半径；S 为赤道到纬度 B 的子午线弧长，可以由式（4-10）至式（4-12）计算得到。

$$S = a_0 B - \frac{a_2}{2}\sin 2B + \frac{a_4}{4}\sin 4B - \frac{a_6}{6}\sin 6B + \frac{a_8}{8}\sin 8B \quad (4-10)$$

$$\begin{cases} a_0 = m_0 + \dfrac{1}{2}m_2 + \dfrac{3}{8}m_4 + \dfrac{5}{16}m_6 + \dfrac{35}{128}m_8 \\[2mm] a_2 = \dfrac{1}{2}m_2 + \dfrac{1}{2}m_4 + \dfrac{15}{32}m_6 + \dfrac{7}{16}m_8 \\[2mm] a_4 = \dfrac{1}{2}m_4 + \dfrac{3}{16}m_6 + \dfrac{7}{32}m_8 \\[2mm] a_6 = \dfrac{1}{32}m_6 + \dfrac{1}{16}m_8 \\[2mm] a_8 = \dfrac{1}{128}m_8 \end{cases} \quad (4-11)$$

$$\begin{cases} m_0 = a(1 - e^2) \\[2mm] m_2 = \dfrac{3}{2} e^2 m_0 \\[2mm] m_4 = \dfrac{5}{4} e^2 m_2 \\[2mm] m_6 = \dfrac{7}{6} e^2 m_4 \\[2mm] m_8 = \dfrac{9}{8} e^2 m_6 \end{cases} \tag{4-12}$$

式中，e——参考椭球的第一偏心率。

4.3.3.2　作业面积算法

假设农机作业轨迹上包含 $n+1$ 个空间运行轨迹点，即 P_1，P_2，$\cdots$，P_{n+1}，按照时间顺序依次连接各轨迹点，分别生成基元线段 L_1，L_2，$\cdots$，L_n，则农机作业空间运行轨迹线的基元线段集 L 为：

$$L = \cup_{i=1}^{n} L_i \tag{4-13}$$

集合 L 中包含的基元线段为所有行驶轨迹线段，既有作业行驶轨迹线段，也有掉头、转弯等非作业行驶轨迹线段。用 P_i 轨迹点的割台高度判别 L_i 基元线段的作业状态，即用 θ_i 的取值判别 L_i 的有效性，详见图4-8。

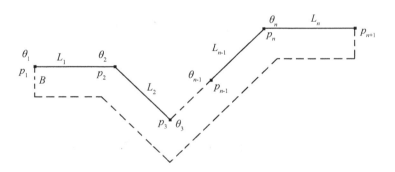

图4-8　收割机作业面积算法示意图

注：p_1，p_2，p_3，$\cdots$，p_{n-1}，p_n，p_n 为收割机的轨迹点；L_1，L_2，$\cdots$，L_{n-1}，L_n 为收割机轨迹的原始线段；θ_1，θ_2，θ_3，$\cdots$，θ_{n-1}，θ_n 为原始线段的判断系数；B 为作业幅宽。

收割机作业面积由有效作业基元线段集与收割机作业幅宽组成的面积构成，收割机行驶至 $i=n+1$ 轨迹点时，其作业面积 S_n 的计算公式如下：

$$S_n = \sum_{i=2}^{n+1} B\theta_i \sqrt{(x_i - x_{i-1})^2 + (y_i - y_{i-1})^2} \qquad (4-14)$$

式中，S_n——作业面积；

    B——作业幅宽；

    θ_i——第 i 个轨迹点的判断系数；

    x_i、y_i—第 i 个轨迹点的坐标；

    x_{i-1}、y_{i-1}——第 i-1 个轨迹点的坐标。

4.3.4　作业面积算法验证

4.3.4.1　试验设备与条件

2018 年 10 月，在江苏省响水县黄海农场开展了水稻机械化收割面积动态监测试验。试验选择了 8 块面积约 3 hm² 、水稻种植品种相同、长势一致、土壤湿度相当的耕地。采用 John Deere C230 稻麦联合收割机作为试验平台（图 4-9），该机型作业幅宽为 4.57 m。将自研的数据采集系统安装在试验稻麦联合收割机上，其中角度传感器粘贴在收割机过桥上表面，北斗定位模块贴于收割机粮仓顶面前部中间位置。

图 4-9　试验用 John Deere C230 稻麦联合收割机

4.3.4.2　试验结果

（1）收割机作业轨迹　黄海农场农机站具有 25 年从业经验的机收驾驶员负责驾驶收割机，分别在 T1、T2、T3、T4、T5 独立进行收割作业，数据采集系统实时（采集频率为 5 s/次）将收割机所处位置的经纬度与过桥角度数据传回服务器。然后，基于 ArcGIS 绘出收割机的作业轨迹（图 4-10）。

由图 4-10 不难发现，试验地块都是长条形状，地形条件对收割机作业效率的发挥程度影响较小。每个地块长宽比不一致，尤其地块宽度差异较大。收割机按照沿长边收割、短边掉头的路线开展作业，因此，地块较短边界处出现较多轨迹点聚集情况。

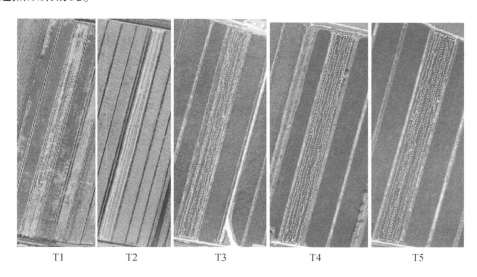

图 4-10　收割机作业轨迹

　　如表 4-4 所示，5 个试验地块轨迹点数量差异较大，最多的 T2 地块有 1 997 个点，最少的 T5 地块有 1 655 个点；田间行驶轨迹长度也存在较大差异，总长度最长的 T2 地块为 8 140.04 m，最短的 T5 地块为 5 446.86 m。轨迹点数量与长度并不存在线性关系，说明收割机作业过程行驶速度并不完全一致。

表 4-4　试验地块轨迹点总体情况

地块编号	轨迹点数量/个	经度	纬度	轨迹总长度/m
T1	1 927	(119. 984 983°E, 119. 987 320°E)	(34. 259 099°N, 34. 266 982°N)	7 724. 30
T2	1 997	(119. 961 129°E, 119. 963 502°E)	(34. 300 177°N, 34. 308 231°N)	8 140. 04
T3	1 881	(119. 955 955°E, 119. 957 694°E)	(34. 319 387°N, 34. 324 651°N)	5 858. 80
T4	1 804	(119. 959 675°E, 119. 961 310°E)	(34. 318 710°N, 34. 323 552°N)	5 955. 04
T5	1 655	(119. 969 227°E, 119. 970 816°E)	(34. 317 037°N, 34. 321 504°N)	5 446. 86

　　（2）收割机割台高度　将各轨迹点对应的收割机过桥角度，按照式（4-5）与式（4-6）计算得到收割机割台高度，并按照时间先后顺序绘制收割机割台高度点位图（图 4-11）。

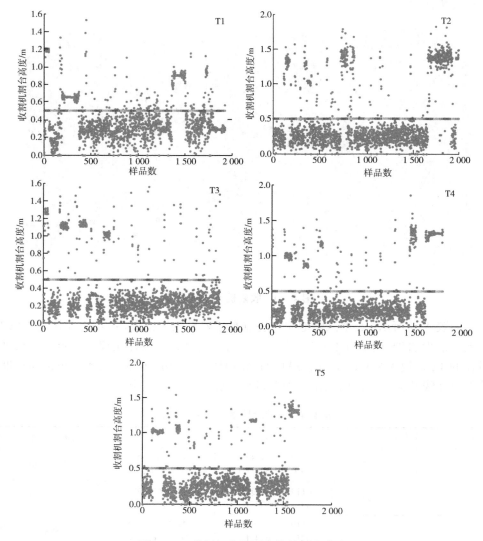

图 4-11　收割机在不同点位的割台高度

　　不难发现，收割机割台高度数据较为离散，高度值在 [0 m，2 m) 区间波动，但绝大部分点位的高度值都位于 0.5 m 以下，与 4.4.2 所做判断相符。根据式(4-7)，割台高度位于 [0 m，0.5 m] 区间的点即为作业轨迹点，而割台高度值位于 (0.5 m，2 m) 区间的点为非作业轨迹点，通过图 4-12 中的标志横线可明显区分两类轨迹点。作业轨迹点的割台高度在 [0 m，0.5 m] 区间内离散分布，高度值在 [0.2 m，0.4 m] 区间的点较为集中（图 4-12），非作业轨迹点在区间(0.5 m，2 m) 区间内纵向离散分布，横向按照一定间距规律分布，与收割机完成一定作业行程后地头掉头转弯的运动规律相符，但非作业轨迹中同样存在大量的异常点，如图4-12所示，大量轨迹点的割台高度值集中分布在 [1.2 m, 1.4 m]。

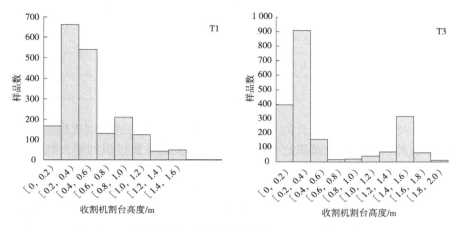

图4-12　收割机割台高度值分布直方图（以 T1、T3 为例）

截取 T4、T5 地块第 600~1 400 个轨迹点数据，绘制图4-13，可以明显看出，非作业轨迹点呈现规律聚集，可以理解为收割机转弯掉头抬起放下割台动作，根据连续作业长度不同其聚集间隔为 100~200 个点，即 8~16 min 完成一次直线作业，然后掉头转弯。

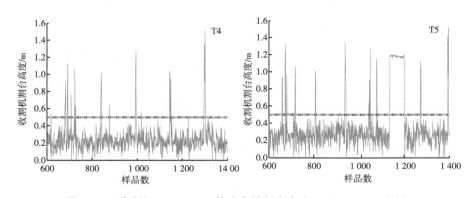

图4-13　收割机 600~1 400 轨迹点的割台高度（以 T4、T5 为例）

（3）作业面积计算结果　根据式（4-10）分别计算收割机在5个试验地块的耕地实际面积、识别割台的作业面积及不识别割台的作业面积（表4-5）。

表 4-5 作业面积计算结果   单位：hm²

地块编号	耕地实际面积	识别割台的作业面积	不识别割台的作业面积
T1	3.26	3.41	3.53
T2	3.12	3.24	3.72
T3	2.54	2.62	2.68
T4	2.35	2.40	2.72
T5	2.27	2.31	2.49

由表 4-5 可知，本书设计的基于作业轨迹和割台状态的收割机作业进度监测算法可以提高收割机作业面积监测精度。5 个试验地块通过识别割台状态计算得到的作业面积与耕地实际面积平均误差为 0.09 hm²，平均误差率为 3.10%；而不识别割台状态计算得到的作业面积（收割机轨迹长度与割幅的乘积）平均误差为 0.32 hm²，平均误差率为 11.69%。两种方法计算得到的作业面积相对耕地实际面积偏大，总体上，不识别割台计算的作业面积＞识别割台计算的作业面积＞耕地实际面积。

4.4 讨论

4.4.1 割台高度数据稳定性

通过角度传感器实时采集收割机过桥角度，换算得到收割机割台高度动态数据。图 4-11 与图 4-12 反映出收割机割台高度值数据不稳定，波动较大，即使在收割机稳定作业阶段，其割台高度值依然有较大波动。一般而言，收割机在收割作业过程中，其割台会保持稳定，使割茬高度一致，从而保障收割质量稳定。出现数据波动可能有以下两个方面原因。一是收割机作业过程中，发动机、变速箱、行走系统、脱粒系统、传输系统等都产生较大震动，尤其是脱粒系统，机器振动对传感器稳定性造成影响，图 4-13 所示，T5 地块第 1 150~1 200 点位割台高度一直稳定在 1.2 m 左右，波动非常小，该区间点位的经纬度数据基本不变，稳定在(119.969 89°E，34.319 02°N)，即该阶段收割机处于静止状态，没有产生震动，故传感器能稳定采集数据。二是稻田平整度较差，收割机行驶过程中机身随地形上下起伏，影响割台高度数据的稳定性。

4.4.2 作业面积测算误差

利用本书提出的作业进度监测算法计算作业面积，经过田间试验得到的平均准确率为 96.9%。本书所提出的算法误差主要有两个规律。一是监测作业面积均大于耕地实际面积，这是由于收割机作业过程中，为了避免出现漏收问题，无法做到全程满幅收割，一般会留出部分可调节的冗余割幅，但本节默认收割机全为满幅收割，因此造成计算面积偏大。二是试验地块面积越大，误差率越大，随试验地块面积的增大，本书所提出的算法误差率从 1.76% 逐渐增至 4.60%，这是由于作业测算误差主要发生在收割—转弯掉头—收割的转换阶段。当收割条幅结束时，由于操作滞后，收割机割台不会马上提升；在进入新的收割条幅前，割台也会提前降下，因此在耕地长度一定时，耕地面积越大，收割机转弯掉头次数越多，误差也会越大。

4.5 甘蓝双侧导航线提取算法

基于视觉的导航线规划流程一般分为图像灰度处理、分割、导航关键点确定与导航线拟合 4 个步骤。本节按照这 4 个步骤讨论甘蓝不同生长时期的双侧导航线提取算法。

4.5.1 基于过绿特征的甘蓝双侧导航线提取算法

4.5.1.1 基于过绿特征的图像灰度处理与图像分割

甘蓝植株与土地有明显的颜色分别，植株在图像色彩空间中绿色分量突出。为将植株与土地背景区分开，可使用过绿特征法对图像进行灰度处理，过绿特征灰度计算公式如下：

$$Gray = 2G - R - B \tag{4-15}$$

式中，Gray——使用过绿特征法获得的灰度图像；

G——绿色分量矩阵；

R——红色分量矩阵；

B——蓝色分量矩阵。

甘蓝植株种植初期与结球时期的原图分别见图 4-14a、图 4-15a，基于过绿特征法的图像灰度处理效果分别见图 4-14b、图 4-15b，从图像灰度处理的效果

（a）原图　　　　　　　（b）灰度图　　　　　　　（c）分割图

图 4-14　甘蓝种植初期基于过绿特征法的图像灰度与图像分割处理

可以看出，该方法对垄间的杂草、叶片边缘等位置较敏感，易出现过度灰度的情况。在灰度图像的基础上，采用大津阈值法对图像进行分割。种植初期的甘蓝叶片之间缝隙较大且叶片间有黑色地膜，结球时期的叶片颜色变深，因此两者均在进行图像灰度和基于大津阈值法分割处理时出现过度情况。

（a）原图　　　　　　（b）灰度图　　　　　　（c）分割图

图4-15　甘蓝结球时期基于过绿特征法的图像灰度与图像分割处理

4.5.1.2　基于滑动窗口法的甘蓝双侧导航线提取算法

在分割图像的基础上，使用滑动窗口法确定甘蓝的左、右边缘点，在此基础上，使用最小二乘法作为回归方法将边缘点连接成一条直线，从而确定甘蓝双侧导航线位置。滑动窗口法的算法过程如下。

首先，假设图像高为 h，宽为 w，选择一个 $h×w$ 的窗口，h 大小为20个像素，对图像进行列扫描，计算每一列中白点的数量 $N(i)$ 和窗口中平均白点数量 sum (i)。

其次，为确定植株的左边缘点，对图像从中间开始，自右向左进行扫描，若 $N(i+1)>\text{sum}(i)$ 且 $N(i)<\text{sum}(i)$，则记 i 点为作物的左边缘点。植株的右边缘点确定方法与左边缘点确定方法相似，对图像从中间开始，自左向右进行扫描，若 $N(i+1)<\text{sum}(i)$ 且 $N(i)>\text{sum}(i)$，则记 i 点为作物的右边缘点。滑动窗口法对甘蓝生长初期和结球时期导航关键点提取的连线效果分别见图4-16a、图4-

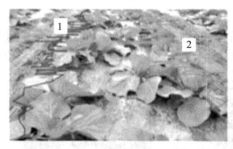 

（a）关键点连线　　　　　　（b）左、右导航线拟合

1为左导航线关键点连线；2为右导航线关键点连线。

图4-16　甘蓝种植初期基于滑动窗口法的关键点连线与左、右导航线拟合

17a。在甘蓝种植初期，受分割图像过分割的影响，左、右侧的导航关键点位置偏中心，由此进行直线拟合的导航线会出现导航线碾压作物边缘的情况。在道路中出现杂草的情况下，如图4-17a所示，使用滑动窗口法出现关键点外移的情况。从以上情况可以看出，使用过绿特征法进行图像灰度处理、大津阈值法进行图像分割、滑动窗口法进行导航关键点选择和最小二乘法进行直线拟合的传统方法不适用于大田甘蓝生长过程的导航，大田中杂草、光照等环境变换会导致导航关键点的选择错误，进而影响导航线的精度和方向。

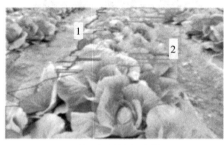

（a）关键点连线　　　　　　　　　　（b）左、右导航线拟合

1为左导航线关键点连线；2为右导航线关键点连线。

图4-17　甘蓝结球时期基于滑动窗口法的关键点连线与左、右导航线拟合

4.5.2　基于过红特征的甘蓝双侧导航线提取算法

4.5.2.1　基于过红特征的图像灰度与图像分割

从4.5.1小节的结果可以看出，利用传统方法对大田种植的甘蓝进行导航关键点确定和导航线拟合，直接以叶菜位置为目标进行图像灰度和分割处理，使用过绿特征法进行图像灰度处理，其灰度效果直接影响后续算法表现，过绿特征法易受田间杂草、光照等的影响。为减轻以上环境的影响，本书提出以甘蓝种植的垄间距为灰度和分割目标，使用过红特征法进行图像灰度处理，公式如下：

$$Gray1 = 2R - G - B \qquad (4-16)$$

式中，Gray1——使用过红特征法获得的灰度图像；

　　　R——红色分量矩阵；

　　　G——绿色分量矩阵；

　　　B——蓝色分量矩阵。

该方法通过增强图像中的红色特征，突出土地位置，即使在田间有部分杂草的情况下，也能够准确地定位田间道路位置，找到垄间距的位置，可以直接定位施药和收获机械的行走路线。甘蓝种植初期和结球时期原图分别见图4-14a、图4-15a，其灰度图像分别见图4-18a、图4-19a，从灰度处理的效果可以看出，该方法能够将甘蓝种植初期和结球时期裸露的土地与叶菜背景区分开。在灰度图像基础上，采用大津阈值法对灰度图像进行分割，甘蓝不同时期图像的分割效果分别见图 4-18b、图 4-19b。

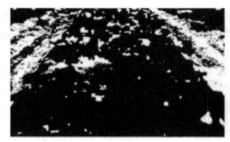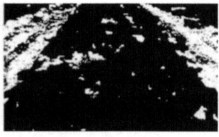

（a）灰度图　　　　　　　　　　（b）分割图

图 4-18　甘蓝种植初期基于过红特征法的图像灰度与图像分割处理

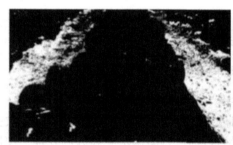

（a）灰度图　　　　　　　　　　（b）分割图

图 4-19　甘蓝结球时期基于过红特征法的图像灰度与图像分割处理

4.5.2.2　基于 Hough 变换的甘蓝双侧导航线提取算法

Hough 变换利用图像空间和 Hough 参数空间的点-线对偶性，把检测问题从图像空间转换到参数空间中，在参数空间中累计形状的局部最大值，执行投票决定物体的形状，因此，Hough 变换对图像的噪声并不敏感。从图 4-18b 的分割效果可以看出，甘蓝种植初期的分割图中，叶片间的土地或地膜位置也被分割出来，这部分信息与垄间距相比可视为噪声点，该类噪声点数量少且离散，使用 Hough 变换方法能找到最有可能是垄间距的位置。甘蓝结球时期的分割图像能够直接分割出道路，且几乎没有噪声，说明使用 Hough 变换方法可以直接定位垄间距位置。

选择两条直线作为 Hough 变换需要检测的形状。Hough 参数空间角度分别为 [0°, 45°] 和 [-45°, 0°]。为提高 Hough 变换的直线拟合效果，去除单点带来的影响，使用 3×3 大小的最大值滤波方法对大津阈值法分割的二值图像进行平滑，再使用 Hough 变换对导航线进行提取和拟合，分别对甘蓝种植初期和结球时期的图像进行双侧导航线提取，得到的效果见图 4-20。从效果图中可以看出，Hough 变换在甘蓝种植初期和结球时期均可以找到甘蓝双侧导航线的位置。

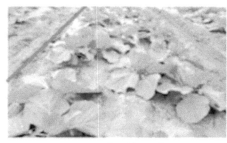

（a）甘蓝种植初期　　　　　　　（b）甘蓝结球时期

图 4-20　甘蓝种植初期、结球时期基于 Hough 变换的左、右导航线提取

根据以上结果可知，在甘蓝的种植初期和结球时期使用传统的过绿特征法进行图像灰度处理的效果一般，对后续的图像分割效果影响较大，在此基础上，使用滑动窗口法提取甘蓝的左、右边缘关键点，其效果受前期图像处理效果的影响较大，会出现导航线规划到甘蓝边缘的情况，算法整体鲁棒性较差。使用本节提出的直接以机械行走的垄间距为灰度和分割目标，使用过红特征法对图像进行灰度处理，经过图像分割和 Hough 变换进行甘蓝双侧导航线提取。Hough 变换具有更好的算法鲁棒性，受杂草、植物颜色变换等因素的影响较小，其导航线规划效果优于传统方法。

4.6　甘蓝导航跟踪中心线提取算法

4.6.1　基于过绿特征法的甘蓝导航跟踪中心线提取算法

传统的甘蓝导航跟踪中心线提取算法是在用过绿特征法对图像进行灰度处理的基础上，将甘蓝作为灰度和分割目标，使用滑动窗口法定位甘蓝的左、右边缘位置，左、右边缘的中心点即为导航跟踪中心点，使用直线拟合方法对中心点进行直线回归得到导航跟踪中心线。

使用过绿特征法与滑动窗口法确定甘蓝的左、右边缘点后，对甘蓝的左、右边缘点取中值，作为中心导航线的关键点。在关键点确定后，使用最小二乘法对关键点进行回归拟合。其拟合效果见图4-21。在使用滑动窗口法进行导航关键点确定时，由于在$1:1/2h$处叶片之间的空隙和周围畦中甘蓝的绿色信息干扰，该算法在图像远处会出现边缘点确定不准的情况，导致导航跟踪中心线偏离。综上所述，使用过绿特征法结合滑动窗口法进行导航跟踪中心线提取效果不佳，会出现中心线偏离的情况。

（a）甘蓝种植初期　　　　　　　　　（b）甘蓝结球时期

图4-21　甘蓝种植初期、结球时期基于滑动窗口法的导航跟踪中心线提取

4.6.2　基于过红特征法的甘蓝导航跟踪中心线提取算法

基于过红特征法进行灰度处理的效果在4.5.2.1节中进行了讨论，在此基础上，本节提出基于扫描法的垄间导航跟踪中心线提取算法。使用该方法确定甘蓝的左、右边缘点位置，左、右边缘点的中间点即为甘蓝导航跟踪中心线的关键点。左边缘点确定方法步骤如下。

①选择左1/2部分的图像为新图像。

②确定新图像行数。

③对新图像的每一行从右向左依次扫描，记录该行第一个亮度值为1的像素点的坐标，该坐标为该行甘蓝左边缘点。

④循环进行③操作，直到所有的行数都被遍历。

右边缘点确定方法与左边缘点类似，这里不再赘述。在确定甘蓝左、右边缘点的基础上，将每行图像的左、右边缘点取算术平均值作为甘蓝导航中心点的横坐标，将图像的行数作为纵坐标，采用最小二乘法对中心点进行线性拟合，拟合效果见图4-22。

在甘蓝的导航跟踪中心线确定上，传统方法是在采用过绿特征法与滑动窗口法的基础上，取左、右关键点的中值作为导航关键点。本节提出使用过红特征法

（a）甘蓝种植初期　　　　　　　　　　（b）甘蓝结球时期

图 4-22　甘蓝种植初期、结球时期基于扫描法的导航跟踪中心线提取

对图像进行灰度处理，使用扫描法确定左、右关键点，然后利用中间值法确定导航跟踪线的关键点，这种方法利用了过红特征法，能够准确突出土地信息的优势，同时参考了甘蓝在中心、道路在两边的图像结构，直接定位甘蓝与道路的连接位置，从而准确获得导航跟踪中心线的关键点。

4.7　试验与讨论

4.7.1　图像获取

甘蓝图像采集自中国农业科学院寿光蔬菜研发中心甘蓝示范基地，甘蓝的种植株距 30 cm、行距 40 cm，垄间距 110 cm，畦面宽度 90 cm。分别于 2019 年 9 月 12 日、10 月 9 日采集甘蓝的幼苗、结球期的红绿蓝（RGB）图像数据。每张图像的大小为 500 像素×800 像素。

4.7.2　算法步骤

本节提出以直接分割道路为目标，采用过红特征法对图像进行灰度处理，采用大津阈值法对灰度图像进行分割，在左、右导航线确定上使用 3×3 最大均值滤波器对分割图像进行平滑，再使用 Hough 变换方法分别拟合甘蓝的左、右导航线；在导航跟踪中心线确定上，本节采用 4.6.2 节介绍的扫描法确定甘蓝的左、右边缘点，将左、右边缘点的中点作为关键点，再使用最小二乘法拟合导航跟踪中心线。基于本方法的甘蓝左、右导航线及导航跟踪中心线规划流程见图 4-23。

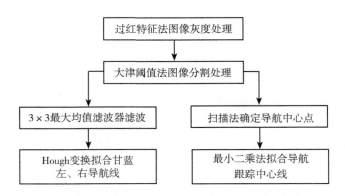

图4-23　甘蓝种植初期、结球时期的左、右导航线及导航跟踪中心线规划流程

4.7.3　讨论

本试验采用 4.7.1 获取的 30 张图像为试验素材，对不同生长时期的甘蓝进行导航线规划。试验计算机硬件采用 Intel i5 处理器，采用 Matlab 2014b 软件作为试验平台。

使用本节提出的左、右导航线和导航跟踪中心线规划方法的效果见图 4-24，可以看出，针对不同生长时期的甘蓝，该算法基本可以对甘蓝垄间距进行探测和导航线规划。甘蓝生长初期由于其体积小、土地裸露面积大，使用过红特征法进行导航线规划的难度低，规划的导航线在方向和精度上都表现较好，能够避免机械碾压甘蓝边缘情况的发生。甘蓝在结球时期的叶面积较大，垄间距较窄，导航难度较大，使用过红特征法进行导航线规划在导航线方向和精度上依然表现较好。甘蓝种植，畦里一般采用覆盖黑色地膜法来抑制杂草生长，且每隔 5~7 天进行药剂喷洒，一般只会出现垄间有杂草的情况，且 Hough 变换对较少杂草噪声的影响并不敏感，从图 4-24a 可以看出，在有少部分杂草的情况使用该方法不会影响导航线的整体规划效果，但在垄间有小型成片杂草的情况（图 4-24c）下可能出现左导航线偏移的情况。

采用本节方法与基于过绿特征法的导航线规划方法做导航角度对比，导航标准线采用人为标定方法确定，计算 30 组试验数据的左、右导航线角度绝对差的平均值，统计算法计算时间。从表 4-6 可以看出，本节提出的基于过红特征法的左、右导航线角度绝对值平均值均高于传统方法（基于过绿特征法），其中右导航线的精度低于左导航线精度。本方法的左导航线与标准导航线最大角度差为 32.49°，过绿特征法为 13.54°，最大角度差值大于传统方法；右导航线与标准导航线最大角度差为 28.14°，过绿特征法为 23.52°，最大角度差

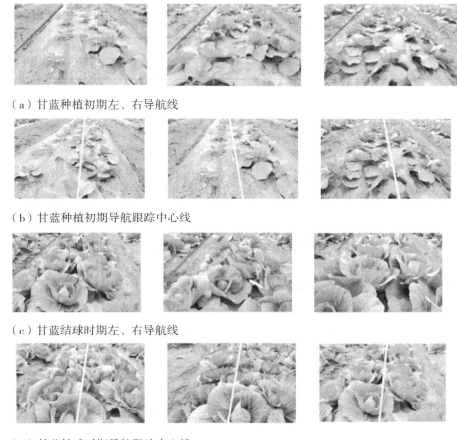

（a）甘蓝种植初期左、右导航线

（b）甘蓝种植初期导航跟踪中心线

（c）甘蓝结球时期左、右导航线

（d）甘蓝结球时期导航跟踪中心线

图4-24 甘蓝种植初期、结球时期左、右导航线及导航跟踪中心线示意图

值大于传统方法；导航跟踪中心线的最大角度差为 11.79°，过绿特征法为 12.67°。从对比结果可以看出，本算法在左、右导航线规划的大多数情况下表现良好，在少数情况下，如图像中场景结构发生改变，会出现左、右导航线规划偏行的情况。在导航跟踪中心线规划上，本算法在稳定性和精度上都优于传统方法。在算法时间上，左、右导航线规划时间少于传统方法，而导航跟踪中心线规划时间多于传统算法。

表 4-6 导航线角度平均差与时间消耗对比

算法	左、右导航线			导航跟踪中心线	
	平均耗时/s	左导航线角度平均差/ (°)	右导航线角度平均差/ (°)	平均耗时/s	角度绝对值平均差/ (°)
过红特征法	0.09	5.71	8.30	0.42	3.26
过绿特征法	0.21	12.86	13.25	0.23	6.76

4.8 本章小结

本章提出了使用过红特征法对图像进行灰度处理，直接以土地作为分割目标，使用过红特征法及 Hough 变换方法进行甘蓝双侧导航线提取，规划的导航线在平均导航精度和时间消耗上优于传统方法，左、右导航线规划时间为 0.09 s，角度平均差分别为 5.71°、8.30°。使用过红特征法、扫描法与最小二乘法对导航跟踪中心线进行拟合，在时间消耗上多于传统方法，导航跟踪中心线的平均规划时间为 0.42 s，在导航精度上优于传统方法，角度绝对值平均差为 3.26°。本方法可为蔬菜施药和收获机械的视觉导航提供更有效的导航方法。

为了提高收割机作业面积动态监测精度，提出了一种基于收割机行走轨迹与割台状态识别的作业进度监测方法，通过实时同步采集收割机位置与过桥角度信息，计算割台离地高度，判别收割机是否处于收割状态，确定收割机是否为有效轨迹，最终选取收割机有效轨迹参与面积测算，该方法比不识别收割机割台状态的计算误差率小 8.59%。

通过田间试验发现收割机割台高度数据较为离散，高度值在 [0 m, 2 m] 区间内波动，作业轨迹点的割台高度在 [0 m, 0.5 m] 区间内离散分布，高度值在 [0.2 m, 0.4 m] 区间的点较为集中，非作业轨迹点在 (0.5 m, 2 m) 区间内纵向离散分布，横向按照一定间距规律分布。割台数据波动主要受机器震动和田块平整度的影响。本章设计的基于作业轨迹和割台状态的收割机作业进度监测算法可以提高收割机作业面积监测精度。5 个试验地块通过识别割台状态计算得到的作业面积与耕地实际面积平均误差为 0.09 hm^2，平均误差率为 3.10%。

第五章　农机调度方法

农机调度涉及不同的农机类型，如一些传统的农机（收割机、拖拉机等）以及一些高科技水平的无人机等。不同的农机调度所设置的模型是不同的，其涉及的算法也是不同的。本章以耕播作业、收割机、作业无人机等为例，分析其调度模型算法，通过采集真实数据，进行分析建模，应用模拟退火算法等一些优化算法，为农机调度的任务计算出最优化的方案。本章主要讲述在有限的农机数量情况下，如何做到成功调度使其成本最小，突出调度的模型及所应用的算法。

5.1　耕播作业机具调度

本节针对新冠肺炎疫情暴发地区，农民居家不出无法有效组织农业生产的背景下，以抢农时、稳生产为目标，对镇（乡）域范围内拖拉机进行科学调度，给出拖拉机生产方案与调度路径，实现生产效率最大化。

问题描述：在新冠肺炎疫情暴发地区，为减少人员流动聚集，农机不能异地跨区开展服务，在农机相对较少的地区只能通过农机科学调度，提高农机资源利用效率，尽量不误或少误农时。各村统一将生产需求信息报送镇（乡）农业站，农业站组织镇（乡）域范围内的农机户开展生产服务作业，服务费用由镇（乡）农业站与各村统一结算，农机户与农户不见面交易。具体流程见图5-1。

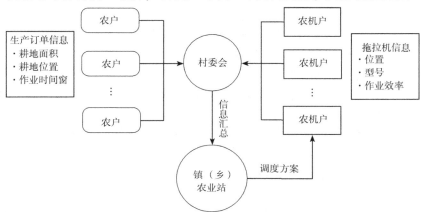

图5-1　镇域农机调度流程

农户将所经营的耕地位置、面积与作业时间窗报送所属村委会，农机户将其所有的拖拉机型号、位置、作业效率报所属村委会，村委会按耕地位置与作业时间窗汇总订单信息报送镇（乡）农业站，镇（乡）农业站统一制订调度方案发送给农机户，拖拉机从所在位置出发，按既定方案与路径前往所负责区域依次开展耕作服务。

5.1.1 拖拉机调度模型

拖拉机调度问题可以表述如下。有 m 个农机户，根据作业效率不同，拖拉机分为 b 种，作业效率分别为 w_k，$k=1$，2，$\cdots$，b。第 l 个农机户拥有第 k 种拖拉机的数量为 τ_{lk}，$l=1$，2，$\cdots$，a，则每种型号的拖拉机数量为 $h_k = \sum\limits_{l=1}^{a} \tau_{lk}$，每个农机户拥有的拖拉机数量为 $u_l = \sum\limits_{k=1}^{c} \tau_{lk}$，整个镇（乡）拥有的拖拉机数量为 $m = \sum\limits_{l=1}^{a} u_l$。为了避免机手和农户扎堆，镇（乡）根据作业需求将全镇（乡）划分为 n 个作业片区，第 i 个片区的耕地面积为 s_i，$i=1$，2，$\cdots$，n，拖拉机应在一定时间范围 $[T_{Ei}$，$T_{Li}]$ 内到达，即不早于 T_{Ei} 到达，不迟于 T_{Li} 离开，求解满足镇（乡）范围域内春耕作业需求的、成本最低的拖拉机作业路线。春耕作业成本包括耕整作业成本和田间转移成本，暂不考虑拖拉机固定成本。

5.1.2 目标函数

作业片区编号为 1，2，$\cdots$，N，农机户车场编号为 $N+1$，$N+2$，$\cdots$，$N+M$，作业片区与车场编号均用 i、j 表示。则目标函数计算如下：

$$\min Z = \sum_{k=1}^{K} \sum_{i=1}^{N+M} \sum_{j=1}^{N+M} \rho_k x_{ijk} d_{ij} + \sum_{k=1}^{K} \sum_{i=1}^{N} \varphi_k y_{ik} s_{ik} + \sum_{k=1}^{K} \sum_{i=1}^{N} P_{Ek} y_{ik}$$

$$\max(T_{Ei} - \hat{t}_{ik}, 0) + \sum_{k=1}^{K} \sum_{i=1}^{N} P_{Lk} y_{ik} \max(\hat{t}_{ik} - T_{Li}, 0) \tag{5-1}$$

式中，k——拖拉机编号，$k=1$，2，$\cdots$，K；

d_{ij}——点 i、j 之间的距离；

x_{ijk}——拖拉机田间转移决策变量，表示第 k 台拖拉机是否从点 i 开向点 j，如果是，x_{ijk} 为 1，否则其值为 0；

y_{ik}——拖拉机作业决策变量，表示若拖拉机 k 在作业片区 i 作业，其值为 1，否则为 0；

s_i——第 i 个作业片区的耕地面积；

s_{ik}——拖拉机 k 在第 i 个作业片区完成的作业面积；

t_{ijk}——第 k 台拖拉机从点 i 到点 j 行驶所用的时间，等于距离（d_{ij}）除以速度（v_k）；

t_{ik}——拖拉机 k 完成作业片区 i 耕作地作业所用的时间，等于作业面积（s_{ik}）除以作业效率（w_k）；

$\breve{t}_{ik}$——拖拉机 k 到达作业片区 i 的时刻；

$\widehat{t_{ik}}$——拖拉机 k 完成作业片区 i 耕整地作业任务的时刻；

P_{Ek}——拖拉机 k 早于 T_{Ei} 到达，需要付出的等待成本；

P_{Lk}——拖拉机 k 迟于 T_{Li} 完成作业，需要付出的适时性损失惩罚；

ρ_k——拖拉机 k 田间转移每行驶千米的成本；

φ_k——拖拉机 k 单位面积作业成本。

5.1.3　约束条件

约束条件如下：

$$\begin{cases} x_{ijk}=1,\ 第\ k\ 台拖拉机是否从点\ i\ 开向点\ j \\ x_{ijk}=0,\ 其他情况 \end{cases} \quad (5-2)$$

$$\begin{cases} y_{ik}=1,拖拉机\ k\ 在作业片区\ i\ 作业 \\ y_{ik}=0,其他情况 \end{cases} \quad (5-3)$$

$$x_{ijk}(\breve{t}_{jk}-\breve{t}_{ik})\geqslant 0 \quad (5-4)$$

$$\widehat{t_{ik}}=\breve{t}_{ik}+t_{ik} \quad (5-5)$$

$$\sum_{i=N+1}^{N+M}\sum_{j=1}^{N}\sum_{k=1}^{K}x_{ijk}\leqslant k \quad (5-6)$$

$$\sum_{k=1}^{K}y_{ik}s_{ik}=s_i \quad (5-7)$$

$$t_{ik}=s_{ik}/w_k \quad (5-8)$$

模型中，式（5-1）为目标函数，表示完成镇（乡）辖区内所有春耕任务所需的总成本最小化，成本包含田间转移成本、作业成本、适时性损失惩罚等；式（5-2）规定了拖拉机田间转移决策变量的取值；式（5-3）规定了拖拉机作业决策变量的取值；式（5-4）约束了拖拉机行车顺序，即从点 i 转移至点 j 时，到达点 j 的时刻必须晚于到达点 i 的时刻；式（5-5）表示拖拉机到达时刻与完成作业时刻的关系；式（5-6）规定了从农机户车场派出的拖拉机数量不能超过拖拉机总量；式（5-7）规定了必须对作业片区所有地块完成耕作；式（5-8）表示拖拉机作业时间与作业效率的关系。

5.1.4　基于模拟退火算法的调度算法设计

新冠肺炎疫情下保春耕农机调度是典型的 NP-hard 问题，由于运算空间大小 $[(n-1)!]$ 为阶乘增加，在问题规模较大时，无法通过穷举法、动态规划法、线性规划法、分支界定法等精确算法求解精确解。随着计算机的发展，在人工智能领域也陆续出现了许多智能优化算法，如遗传算法、禁忌搜索算法、蚁群算法、粒子群优化算法、模拟退火（Simulated Annealing，SA）算法等。其中，模拟退火算法的思想来源于对固体退火降温过程的模拟，即将固体加温至充分高，再让其徐徐冷却，使内部能量平衡，有效避免陷入局部极小并最终趋于全局最优。

5.1.5 解的二级多段编码

（1）作业片区编码 按照作业片区开始工作时间 T_{Ei} 的大小进行排序，可用于研究各作业片区间的串并问题，串行作业片区顺序执行作业，并行作业片区则并行执行作业。n 个农田作业点，排序后的结果见图 5-2。

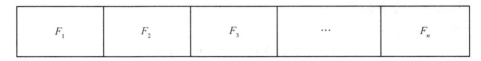

图 5-2 作业片区编码

（2）拖拉机编码 在第一阶段编码基础上，对每个农田作业片区的拖拉机进行编码，农田作业点所需车辆数即农田作业点局部编码长度。假设对第 i 个作业片区 F_i 编码，F_i 至多需要的农机数量 $K_i = \dfrac{s_i}{\min w_k(T_{Li} - T_{Ei})}$，用 M_{iK_i} 表示第 i 个片区第 K_i 台拖拉机。现对 F_i 进行局部编码，编码结果见图 5-3。

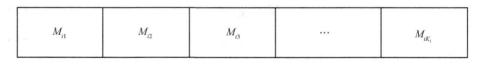

图 5-3 拖拉机编码

5.1.6 初始解设置

初始解是算法迭代开始的起点，初始解选取质量可以提高算法计算效率，提升最终解的可靠性。对算法初始解的设置主要考虑 3 个方向：一是作业时间窗靠前的作业片区优先安排；二是各作业片区安排配置能满足生产能力需求的最少拖拉机数量；三是给作业片区配置拖拉机时，优先安排空闲拖拉机或可较快达到目标作业片区的拖拉机。

根据上述编码策略，生成模拟退火算法的初始解，具体步骤如下。

步骤1：建立作业片区任务集，并按照方向一进行作业次序排定，建立作业农机库集。

步骤2：判断作业片区任务集是否为空，如果为空则转步骤5，否则转步骤3。

步骤3：按照方向二、方向三为作业片区任务分配拖拉机。

步骤4：转步骤2。

步骤5：初始调度方案匹配完成。

5.1.7　领域产生规则

模拟退火算法中邻域的产生规则是非常重要的一环。当初始解产生后，通过怎样的规则来产生一个新的解，这关系整个算法是否能有效地进行并达到目的。在本研究中就是如何根据一个已有的调度方案产生一个新方案从而继续进行判断。本节采用的是比较常用的两元素优化（2-opt）映射来产生新调度方案的邻域产生策略。随机选取两个顶点 p、$n2$，假设 $p < n2$，将拖拉机编码（p，$p+1$，…，$q-1$，q）反向（图5-4）。

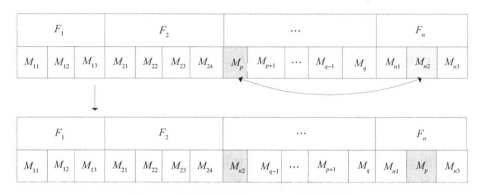

图5-4　两元素优化（2-opt）映射示意图

5.1.8　新解接受概率

接受概率就是接受一个新的可行解 P_{new}（另一个状态）替代当前可行解 P_{old}（当前状态）的概率。它不是固定不变的，而是伴随温度参数 T 的下降而减小。通常采用梅特罗波利斯（Metropolis）准则，见式（5-9）。

$$\begin{cases} 1 & , Z(P_{new}) < Z(P_{old}) \\ \exp\left(-\dfrac{Z(P_{new}) - Z(P_{old})}{T}\right) & , Z(P_{new}) > Z(P_{old}) \end{cases} \quad (5-9)$$

5.1.9　温度衰减函数

温度衰减函数也称降温策略，本节选择常用的指数降温策略。

$$T_{m+1} = \alpha \, T_m \quad (5-10)$$

式中，α——温度衰减指数，$0 < \alpha < 1$；

　　　　m——降温次数。

5.1.10 停止准则

合理的停止准则既能保证算法收敛于某一近似解，又能使最终解具有一定的全局性。模拟退火算法停止包括内循环停止和外循环停止。本节内循环停止采用固定迭代步长，外循环停止则采用温度达到终止阈值，退出迭代。

5.1.11 算法流程

首先，随机产生一个初始解 X_0，令 $X_{best} = X_0$，并计算目标函数值 $E(X_0)$；设置初始温度 $T(0) = T_0$，迭代次数 $i=1$。

其次，Do while $T > T_{min}$

For $j = 1$ to m [m 为循环次数，和镇（乡）规模有关]

对当前最优解 P_{best} 邻域函数，产生一新的解 P_{new}，计算新的目标函数值 $Z(P_{new})$，并计算目标函数值的增量 $\Delta Z = Z(P_{new}) - Z(P_{best})$。

如果 $\Delta Z < 0$，则 $Z_{best} = Z_{new}$；如果 $\Delta Z > 0$，则 $p = \exp(-\Delta Z/T)$；

如果 $c = random [0, 1] < p$，$P_{best} = P_{new}$；否则 P_{best} 维持不变；

end for

$i = i+1$

End Do

5.1.12 算例验证

选择南京市江宁区湖熟街道作为算例，湖熟街道是典型的都市城郊镇（乡），地处江宁、句容、溧水三地交界处，主要种植粮食、蔬菜、水果，种植结构较为复杂。新冠肺炎疫情以前的春耕时节，湖熟街道将吸引周边县（市）农机前来开展作业服务，但受疫情影响，外地农机无法进入湖熟街道，只能通过科学调度本地农机保春耕生产。我们在谷歌地球（Google Earth）上将湖熟街道耕地划分为 13 个作业片区，标记出湖熟街道 4 个农机合作社（N1～N4），合作社的拖拉机均为 80 马力（1 马力 ≈ 735 W），平均作业效率为 0.5 hm²/h，平均作业成本为 300 元/hm²。通过 Google Earth 的导航功能计算出作业片区、农机合作社两两之间的距离。

5.1.13 实例计算结果

在实际的生产调度中，农场的经营管理人员通常使用 5.1.6 节中提到的 3 个策略进行农机农田匹配，生成经验调度解，而使用本书提出的优化算法则可对经验调度解进一步优化。在 Intel Core i5 CPU 3.0 GHz、内存 8.0 GB、操作系统 Windows 10 的个人计算机上采用 Matlab R2018a 软件编程实现两种算法的求解，计算结果见表 5-1。

表 5-1　两种调度算法所求解的调度方案

调度算法	总调度成本/元	转移成本/元	等待成本/元	延误成本/元
经验调度算法	642 565.23	291.40	19 317.12	498.00
基于 SA 的调度算法	622 764.45	277.40	0.00	29.05

注：基于 SA 的调度算法解为 10 次运算的平均值。

与经验调度算法相比，本书所设计的基于 SA 的调度算法所求解的调度方案在总调度成本、转移成本、等待成本和延误成本上均具有更优值。基于 SA 的调度算法所求解的调度方案的总调度成本较经验调度方案减少 3.1%，转移成本减少 4.8%，等待成本减少 100.0%，延误成本减少 94.2%，所设计的 SA 算法在减少等待成本与延误成本方面具有显著效果。

利用所设计的基于 SA 的调度算法可以求解出各农机合作社的农机转移路径，见图 5-5。其中，同一合作社的部分农机的转移路径存在重叠性，如 N1 合作社的 1、2、3 号农机，N2 合作社的 10、11 号农机；且存在不同合作社之间农机合作完成订单的现象，如 13 号订单由 4、15 号农机共同完成，由此表明本书设计

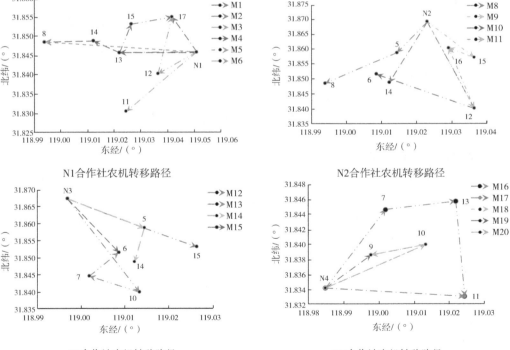

图 5-5　各合作社农机转移路径

的算法可实现同一合作社内农机的统一调度以及不同合作社间的协作，能够满足现实多合作社多机协同调度需要。同时，由图5-5可直观看出，每个农机所分配到的订单任务之间具有空间上的邻近性，表明试验方案的合理性。

飞防队的调度甘特图见图5-6，图内条块表示每个飞防队的作业计划，包括作业订单编号、作业开始时间、作业结束时间，可具体指导实际生产调度。

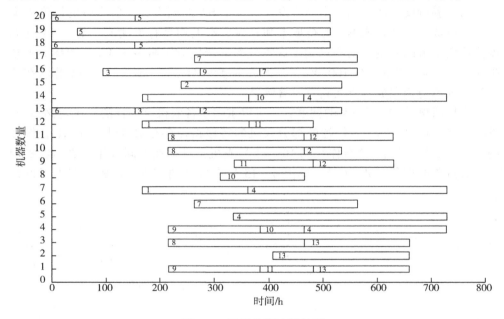

图5-6 飞防队调度甘特图

5.1.14 算法收敛性

运行过程中的各项成本最优值的变化情况见图5-7，总调度成本、转移路径总长度、等待时间、延误时间随迭代次数的增加而降低。总调度成本在迭代次数增加至350次左右即可收敛至稳定值，而延误时间与等待时间在50次内即可收

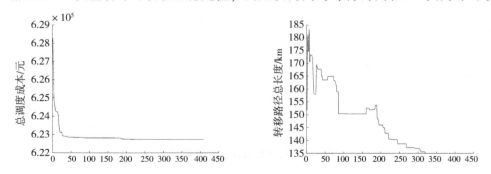

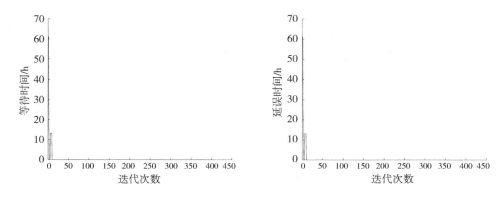

图 5-7　各项参数的迭代

敛至 0，表明该算法可实现稳定收敛并具有较好的搜索性能。

5.1.15　算法稳定性与适应性

算法的稳定性是评价调度算法能否稳定求解出质量较好的调度方案的重要指标，通常用平均值、标准偏差以及标准偏差系数等参数进行衡量。同时，为测试本研究设计的 SA 算法对于较大规模订单的应用场景的适应性，本节基于湖熟街道的实例数据构建了包含 13、26、39、52 个订单的案例集，针对每个案例集运行 10 次算法，并统计比较不同案例的运算时间及总调度成本的平均值、标准偏差以及标准偏差系数，以测试算法的稳定性及适应性。试验结果见表 5-2。

表 5-2　算法稳定性与适应性实验结果

订单数目	优化目标函数值（总调度成本）			运算时间		
	平均值/元	标准偏差/元	标准差系数	平均值/s	标准偏差/s	标准差系数
13	622 747.21	37.683	6.05×10^{-6}	19.182 894 8	5.455	0.284 3
26	622 754.32	51.056	8.19×10^{-5}	28.226 062 1	5.306	0.187 9
39	622 719.42	23.058	3.70×10^{-5}	23.413 350 4	6.220	0.265 6
52	622 773.65	15.248	2.44×10^{-5}	23.647 874 6	5.439	0.230 0

通过表 5-2 可以看出，当案例中订单数目增加时，标准偏差并没有成倍增加，标准差系数均小于 10^{-5}，试验结果表明，本研究设计的算法具有较好的稳定性。当订单数目增加至 52 时，运算时间并没有明显增加，仍保持在 30 s 以内，表明本算法可适应较大规模的案例运算。订单数目上升，但运算时间并没有明显增加的主要原因在于当订单数目增加时，单个订单的作业面积会减小，每个订单分配到的农机数目会减少，客观降低了问题的复杂度。

5.1.16　结论

以新冠肺炎疫情下的保春耕农机调度为研究对象，对农机调度的各项成本进行分析，构建了以总调度成本最小为优化目标的农机作业调度模型。该模型考虑了农田面积、农机和农田位置信息、作业时间窗等因素，提高了农机作业调度模型的准确性。

通过综合分析多种调度算法特点，结合保春耕农机作业调度需求，设计了基于 SA 的农机调度算法，并对农机作业调度模型进行了求解。

通过 Matlab 软件进行了算例及算法运行相关试验分析，本节提出的飞防队作业调度模型及算法，可有效求解出满足时间窗约束的近优解，且具有较好的收敛性、稳定性与适应性。

5.2　植保无人机调度

本节以面向订单的多飞防队协同作业模式为对象，针对病虫害统防统治，对植保飞防队调度模式进行分析，建立多目标飞防队作业调度模型，并提出订单优先级排序算法和基于非支配性排序遗传算法（NSGA-Ⅱ）的作业路径规划算法，旨在提出合理的飞防队调度方案，以提高农机的利用效率和效益。

5.2.1　植保飞防队的调度模式分析

当前，农机服务公司或农机合作社拥有的无人机数量多，是无人机植保社会化服务的主力军。但受成员文化水平及技术的限制，无人机作业管理智能化水平较低，传统的人工调度经验难以满足复杂的植保作业需求。

为适应订单式、托管式、统防统治等农田作业模式，植保飞防队的作业调度需要解决多个作业订单的作业排序、作业时间安排、飞防队作业路径规划等问题。飞防队调度问题的关键在于无人机资源与订单信息的协同整合，生成最优的作业方案。在病虫害防治作业季，农户通常需预先向农机服务公司或合作社提交订单信息，通常包括作业时间窗、作业面积信息、作业价格、作业位置、农田病虫害侵染情况；调度中心通过管理端，对植保无人机位置信息、种类、作业效率等信息进行汇总；农机服务公司或合作社根据汇总的订单信息，参照历史调度经验和策略制订调度方案，并组织飞防队按调度方案的转移路径和时间实施作业。飞防队作业调度问题属于多目标优化问题，在满足作业质量情况下，植保服务收益是各经营主体优先考虑的目标，同时在更短时间完成所有订单，可以降低病虫害造成的作物产量和品质损失。因此，本节的调度目标为在满足各项约束的情况下总收益最大、作业总时长最小。

结合农业生产需求以及复杂的农田环境，本研究基于以下假设进行调度设计：①在作业过程中，作业质量不随调度方案发生变化；②一个飞防队拥有一台植保无人机、若干工作人员，由车辆运载转移；③无人机作业效率恒定且作业过程中无故障；④飞防队每日可工作时长固定，开展防治作业和田间转移，其余时间为非作业时间；⑤一个飞防队可响应多个订单，一个订单亦可由多个飞防队完成，多个飞防队协同作业时，到达目标农田的时间可不同，当全部作业完成后可同时离开；⑥单个飞防队的转移路径以初始合作社位置为起点，以最后完成的订单位置为终点；⑦飞防队在订单时间窗前到达目标农田，需等待至作业订单时间窗下限方能开始作业，作业结束时间不得超过订单时间窗上限。

5.2.1.1 相关影响因素数学形式表达

每个飞防队可以用式（5-11）表示，m 组无人机飞防队可以用式（5-12）表示。

$$m_i = \{\{\text{longitude}_i, \text{latitude}_i\}, w, v, \text{Cost}\} \tag{5-11}$$

$$\text{Machine} = \{m_1, m_2, \cdots, m_m\} \tag{5-12}$$

式中，$\{\text{longitude}_i,\ \text{latitude}_i\}$——$i$ 飞防队的经纬度信息；

$\qquad\qquad w$——飞防队生产率；

$\qquad\qquad v$——飞防队的转移速度；

$\qquad\qquad \text{Cost}$——飞防队作业中所产生的各项收入和成本；

Cost 的计算公式如下：

$$\text{Cost} = \{c_s, c_w, c_t, c_d\} \tag{5-13}$$

式中，c_s——植保无人机单位面积作业收费；

c_w——植保无人机单位面积的使用成本，包含机具折旧、飞防队人工费用和动力费用等；

c_t——飞防队单位距离的转移成本，主要为车辆燃油消耗和驾驶员人工费用；

c_d——飞防队单位等待时间的成本。

单个订单信息和 n 个农田订单作业信息集分别用式（5-14）和式（5-15）表示。

$$\text{ord}_j = \{\{\text{longitude}_j, \text{latitude}_j\}, A_j, \{T_{sj}, T_{ej}\}, l_j\} \tag{5-14}$$

$$\text{Ord} = \{\text{ord}_1, \text{ord}_2, \cdots, \text{ord}_n\} \tag{5-15}$$

式中，$\{\text{longitude}_j,\ \text{latitude}_j\}$——$j$ 订单的经纬度信息；

$\qquad\qquad A_j$——j 订单的农田作业面积；

$\qquad\qquad \{T_{si},\ T_{ej}\}$——$j$ 订单的时间窗；

$\qquad\qquad T_{sj}$——计划开始作业时间；

$\qquad\qquad T_{ej}$——最晚结束作业时间；

$\qquad\qquad l_j$——农田侵染状况，其影响订单优先级顺序。

路网中各路径节点及路径信息用式（5-16）表示。

$$\begin{cases} \text{Position} = \{V_p, d_{gh}\} \\ V_p = V_f \cup V_m \\ V_f = \{V_{f1}, V_{f2}, \cdots, V_{fm}\} \\ V_m = \{V_{m1}, V_{m2}, \cdots, V_{mn}\} \end{cases} \tag{5-16}$$

式中，d_{gh}——g、h 两节点之间的距离；

$\quad\quad V_p$——农田节点集合 V_f 和各飞防队初始位置节点集合 V_m 的并集。

相关标志位符号定义集合，用式（5-17）表示。

$$\text{Mark} = \{p_{i(g,h)}, x_{ij}\} \tag{5-17}$$

式中，$p_{i(g,h)}$——路径转移标位，g，$h \in V_f \cup V_m$，若 i 飞防队经过 g 节点到达 h 节点，则 $p_{i(g,h)}$ 为 1，否则为 0；

$\quad\quad x_{ij}$——作业标志位，若 i 飞防队在 j 农田作业，则 x_{ij} 为 1，否则为 0。

相关时间的集合用式（5-18）表示。

$$\text{Time} = \{t_{i(g,h)}, t_{aij}, t_{sij}, t_{eij}, T_r\} \tag{5-18}$$

式中，$t_{i(g,h)}$——i 飞防队在 g、h 两点之间转移所消耗的时间；

$\quad\quad t_{aij}$——i 飞防队到达 j 农田的时间；

$\quad\quad t_{sij}$——i 飞防队在 j 农田的实际开始作业时间；

$\quad\quad t_{eij}$——i 飞防队在 j 农田的实际结束作业时间；

$\quad\quad T_r$——整个作业进程中的非作业时间总和。

5.2.1.2 飞防队作业调度数学模型

（1）目标函数 飞防队作业的目标主要为作业总收益最大及作业总时长最小。作业总收益最大化目标函数用式（5-19）计算，作业总时长最小化目标函数用式（5-20）表示。

$$\max F = \sum_{j=1}^{n} (c_s - c_w) A_j - c_d \sum_{i=1}^{m} \sum_{j=1}^{n} x_{ij} \max\{T_{sj} - t_{aij}, 0\}$$
$$- c_t \sum_{i=1}^{m} \sum_{g,h \in V_p} p_{i(g,h)} d_{gh} \tag{5-19}$$

$$\min T = \max t_{eij} - \min t_{sij} - T_r \tag{5-20}$$

式中，F——所有农机作业的总收益，元；

$\quad\quad T$——作业总时长，h。

农机作业的总收益等于作业的总收入减去总成本。作业总成本包括无人机使用成本、飞防队等待时间成本以及飞防队转移成本。其中，无人机使用成本等于单位面积的使用成本与总作业面积的乘积，等待时间成本等于单位等待时间成本与所有飞防队各任务总等待时长的乘积，转移成本等于所有飞防队转移总路程与单位路程转移成本的乘积。等待时间成本及转移成本为调度相关成本，通过合理的调度方案可降低成本。

作业总时长为最早一个订单的实际开始作业时间与最后一个订单的实际结束作业时间之间的时长，减去整个作业进程中总的非作业时间。

（2）结束条件 约束条件主要通过对无人机飞防队调度过程进行分析，主要约束条件如下：

$$\sum_{i=1}^{m} x_{ij} \geqslant 1, \forall \, \mathrm{ord}_j \in \mathrm{Ord} \tag{5-21}$$

$$t_{aih} = t_{eig} + \frac{d_{gh}}{v} \tag{5-22}$$

$$t_{eih} = t_{sih} + \frac{A_{wih}}{w} \tag{5-23}$$

$$t_{sij} < t_{eij} \leqslant T_{ej} \tag{5-24}$$

$$\sum_{i=1}^{m} \sum_{g \in V_p} p_{i\,(g,h)} = \sum_{i=1}^{m} \sum_{g \in V_p} p_{i(h,g)}, \forall \, h \in V_f \tag{5-25}$$

式（5-21）表示所有订单均有飞防队进行服务；式（5-22）至式（5-25）为订单作业时间的相关约束，式（5-22）表示 i 飞防队经 g 节点到达 h 节点的时间等于离开 g 节点的时间加上路程转移时间；式（5-23）表示 i 飞防队在 g 订单的实际完成作业时间等于 i 飞防队在 g 节点的实际开始作业时间加上在 g 节点作业的时间；式（5-24）表示订单的硬时间窗约束，订单的实际完成时间不得晚于订单时间窗要求；式（5-25）表示进入农田的飞防队和离开农田的飞防队数目相等。

5.2.2 飞防队作业调度算法设计

飞防队作业调度算法应能为各农田订单分配合适的飞防队，同时为飞防队规划合理的转移路线，该调度方案需同时满足作业总收益最大、作业总时长最小两个优化目标，因此飞防队作业调度问题属于多目标优化问题。大多数情况下多目标优化问题不存在同时满足所有目标最优的解，各优化目标之间会相互冲突，只能协调各优化目标，最优解并不唯一，而是帕累托（Pareto）解集，需由决策者进行均衡。针对此类复杂的优化问题，传统的方法如线性加权法、约束法等往往将多目标转化为单目标进行处理，但目标权重难以确定。目前，用于求解多目标优化问题 Pareto 解集的算法有：遗传算法、禁忌搜索算法、粒子群算法、蚁群算法等。其中，带精英策略的 NSGA-II 因具有良好的分布性和较快的收敛速度，被广泛应用于各类优化问题分析。本节考虑病虫害防治需求及算法求解效率，设计了考虑病虫害侵染状况的订单优先级排序算法和基于 NSGA-II 的作业路径规划算法，分两步对飞防队作业调度模型进行求解。

5.2.2.1 考虑病虫害侵染状况的订单优先级排序算法

病虫害防治具有强时效性，本节所设计的目标函数以及约束条件也与各订单的作业顺序紧密相关。在调度时，按照一定的优先级规则对订单进行排序，然后按次序进行调度作业，可获得较好的优化目标函数值，且更适应病虫害防治的实际需要。

（1）影响排序的相关因素　包括以下3个因素。

一是病虫害侵染状况。现有研究较少涉及病虫害防治的适时性损失，较难将病虫害的暴发风险或经济损失引入调度模型，但经验表明对病虫害严重的的订单优先作业，可有效降低病虫害扩散风险及经济损失。因此，本节将病虫害侵染状况作为订单作业排序的关键因素。农户在提交订单时，可按照常规观测方法，将作业订单的病虫害等级，设置为重度、中度和轻度3个等级。

二是时间窗。农户可根据以往病虫害暴发规律、当年气候情况、病虫害扩散趋势和速度等，设置订单作业时间窗。在订单优先级排序时，订单要求的计划开始作业时间越早，时间窗长度越短，订单的优先级越高。

三是作业面积。农业病虫害具有扩散性，对连片面积较大的订单优先作业，可以获得良好的防治效果，也更能发挥无人机高效作业的优势。因此，农户订单作业面积越大，订单优先级越高。

（2）订单优先级排序算法设计　订单作业排序算法可分为组间排序与组内排序两个步骤。首先按照农田侵染状况对订单进行分组，然后按照订单时间窗和作业面积的优先级函数进行组内排序，该优先级函数如下：

$$p = w_1 A_j + w_2 T_{sj} + w_3 l \tag{5-26}$$

$$l = T_{ej} - T_{sj} \tag{5-27}$$

式中，A_j——j 订单的农田作业面积，hm^2；

T_{sj}——订单时间窗的计划开始作业时间；

l——时间窗长度，h；

T_{ej}——最晚结束作业时间。

在计算时考虑到量纲的统一，式（5-26）中3个变量均进行归一化处理，并有 $w_1 + w_2 + w_3 = 1$，各变量权重可根据实际调度需求进行调整。

综上所述，作业排序算法步骤如下。

步骤 1：取出农田作业订单集 Ord，并建立 3 个订单类别子集 Ord_1、Ord_2、Ord_3。

步骤 2：将所有设置为重度病虫害的农田订单添加至 Ord_1，设置为中度病虫害的农田订单添加至 Ord_2，其余订单添加至 Ord_3。

步骤 3：在 Ord_1、Ord_2、Ord_3 内分别计算每个订单 Ord_k 的优先值 p_k，并按照

p_k 大小将订单排序。

步骤 4：将 Ord_1、Ord_2、Ord_3 依次连接，对所有订单重新编号，完成农田作业订单集 Ord 优先级排序。

5.2.2.2 基于 NSGA-II 的作业路径规划算法

（1）染色体编码 染色体编码是遗传算法成功实施优化的关键。结合上文排序算法的设计，此处采用双层编码的编码方式（图5-8）。

F_1		F_2		F_3		F_4		
m_1	m_2	m_2	m_3	m_1	m_4	m_2	m_3	m_4

图 5-8 双层编码方式

第一层为农田编码，第二层为飞防队编码。图5-8中第一层编码为农田 F_1 ~ F_4，第二层中各元素代表在上层农田中作业的飞防队编号，如在 F_1 订单中作业的飞防队为 m_1、m_2，同一订单中的飞防队编号不分先后顺序。

（2）基于贪婪思想的种群初始化 传统遗传算法中的初始种群多通过随机生成的方法构建，对飞防队调度问题可能会产生大量的劣质解或非法解。为避免无效解的生成以及提高算法的运算效率，本节采取以下方法产生初始种群。

设 $T_{c(i,j)}$ 为 i 飞防队到达 j 农田时的适时度，其计算公式见式（5-28）。$T_{c(i,j)}$ 越小，适时度越高。

$$T_{c(i,j)} = |T_{sj} - t_{aij}| \tag{5-28}$$

式中，T_{sj}——订单时间窗的计划开始作业时间

$\qquad t_{aij}$——i 飞防队到达 j 农田的时间

为农田选择适时度高的飞防队，可获得较好的两目标函数值，种群初始化步骤如下。

步骤 1：导入完成排序的农田订单集 Ord 以及飞防队集 Machine，设置 $i=j=1$。

步骤 2：判断 Ord 是否为空，若为空则跳转至步骤 6，否则顺序执行。

步骤 3：依序取出订单 ord_j，按照公式计算所有飞防队相对于订单 ord_j 的 $T_{c(i,j)}$，并按照 $T_{c(i,j)}$ 由小到大对飞防队 m 排序。

步骤 4：取 $T_{c(i,j)}$ 最小的飞防队 m_i 分配给 ord_j。

步骤 5：判断是否满足 $\sum_{i=0}^{n}(T_{ej} - t_{sij})w_{ij}x_{ij} > A_j$，若满足，则 $j=j+1$，跳转至步骤 2，否则跳转至步骤 4。

步骤 6：整理工作表，结束。

（3）模型约束的处理　考虑到本节使用的时间窗为单边硬时间窗，若直接采用所建模型的目标函数构建适应度函数，在进化过程中会产生较多无效解。为保证种群数量，采用惩罚函数法对时间窗约束进行处理，即通过给超出订单最晚作业时间的解的目标函数一定的惩罚值，以降低不可行解进行遗传操作的概率，进而降低不可行解在种群中的比例。在算法中需对优化目标添加惩罚项，见式（5-29）。

$$\min T = \max t_{eij} - \min t_{sij} - T_r + M \sum_{j=1}^{n} x_{ij} \max\{t_{1ij} - T_{ej}, 0\} \qquad (5\text{-}29)$$

式中，$M \sum_{j=1}^{n} x_{ij} \max\{t_{1ij} - T_{ej}, 0\}$——解违反时间窗约束的惩罚值；

M——惩罚权值，通常取一较大数，极大型优化目标通过变换也可使用惩罚函数法。

（4）遗传算子　包括以下3步。

第一步，选择算子。普通遗传算法可利用目标函数所构造的适应度函数进行父代种群的选取，NSGA-II从第二代起则需将子代种群与父代种群合并，根据各染色体之间的非支配性关系、同一层级个体之间的拥挤度，选取父代种群进行杂交和变异操作。本节使用标准的快速非支配性排序算法和拥挤度计算算法。

第二步，交叉算子。交叉算子影响遗传算法在解空间中的搜索能力，对遗传算法能否达到全局最优起着关键作用。

若对本节所设计的编码结构进行常规交叉操作，必然会出现大量非法解，增加算法的复杂度，因此本节采用变异的的部分映射交叉算（Partially Mapped Crossover，PMX），对所选择的父代个体进行交叉操作，以提高可行解的比例。基本操作：在第一层农田编码中随机产生两个交叉点，即交叉点1和2，将两父代个体 A_1、A_2 的对应交叉点的下层基因对应交换，生成新个体 B_1、B_2。以含4个农田及4个飞防队编码的染色体为例，F_2、F_4 农田下的飞防队发生交叉，交叉过程见图5-9。

第三步，变异算子。变异操作是保证种群多样性的重要手段，本节变异算子的基本操作：在选中个体农田编码中随机产生1个变异点，对该农田编码下层农机编码片段进行随机变异，生成新个体，规定至少有1个农机编码片段发生变异，同样以含4个农田及4个飞防队编码的染色体为例，F_3 农田中的 m_3 号农机位发生变异，变异过程见图5-10。

（5）整体算法步骤　基于NSGA-II的飞防队调度算法运行步骤如下。

步骤1：读取完成排序的农田作业订单集 Ord 及飞防队集 Machine，初始化路径节点实际行车距离矩阵 H。

步骤2：设置最大迭代次数 gen，种群规模 Size，交叉概率 P_c，变异概率 P_m，

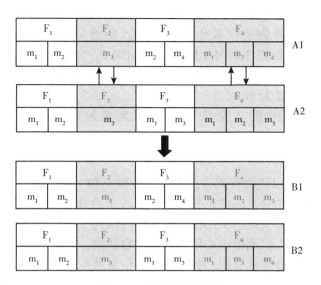

图 5-9 染色体交叉过程

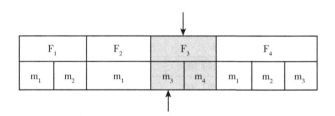

图 5-10 染色体变异过程

迭代次数 $i=1$。

步骤 3：按照初始解生成算法构建初始解，随机变异产生初始种群 $P_0 = [x_1, x_2, \cdots, x_n]$。

步骤 4：若满足 $i > \text{gen}$，则输出当前 Pareto 最优解集 $X_{\text{best}} = \text{Current}X_{\text{best}}$，绘制相关图表，结束程序；否则跳转至步骤 5。

步骤 5：按照交叉概率 P_c 选取进行交叉的父代个体，使用 PMX 算子对父代个体进行交叉操作。

步骤 6：按照变异概率 P_m 选取进行变异的个体，对其中的农机编码片段进行变异操作，得到子代种群 S_i。

步骤 7：将父代种群 P_{i-1} 与子代种群 S_i 合并，构成新的规模为 $2 \times \text{Size}$ 的种群 ConX，计算 ConX 中个体对应的作业总收益和作业总时长，进行非支配性排序，并计算同支配序列拥挤度。

步骤 8：将种群规模恢复为 Size。若 ConX 中非支配性序列为 1 的个体数大于种群规模 Size，则选择拥挤度较小的个体进入新的父代种群 P_i；若数量小于 Size，将 ConX 中非支配性序列为 1 的个体复制到 P_i；对非支配性序列为 2 及以上的个体随机进行两两比较，根据非支配性等级和拥挤度选取进入种群 P_i 的个体，直至种群规模恢复为 Size。

步骤 9：记录当前种群 P_i 全局 Pareto 最优解集为 $\text{Current}X_{\text{best}}$，$i=i+1$，跳转至步骤 4。

5.2.2.3 实例分析

（1）算例信息　以陕西省武功县小麦"一喷三防"作业为例进行试验验证。该项作业需要调度武功县及周边乾县和兴平县 3 个合作社的 15 支飞防队，为 21 个基层村的小麦植保提供统防统治作业，作业时限为 1 周。基层村历史订单信息通过陕西省某植保无人机调度中心信息管理平台获取，飞防队实际作业能力及各项成本信息通过调研合作社获取，各路径节点信息及实际行车距离由天地图应用程序编程接口（API）获取。具体作业订单信息、无人机植保飞防队信息、其他要素信息分别见表 5-3、表 5-4、表 5-5。

表 5-3　农田作业订单信息

订单编号	东经/（°）	北纬/（°）	作业面积/hm²	时间窗	感染情况
1	108.298 435	34.240 730	131.13	4月11—13日	0
2	108.299 688	34.262 366	104.47	4月11—13日	0
3	108.204 786	34.241 576	91.10	4月11—13日	1
4	108.227 468	34.228 880	150.40	4月11—14日	0
5	108.152 788	34.257 636	70.87	4月12—13日	0
6	108.275 808	34.302 659	102.70	4月12—13日	1
7	108.157 055	34.242 278	160.27	4月12—14日	1
8	108.314 520	34.289 605	113.80	4月12—14日	0
9	108.285 627	34.350 754	59.33	4月13—14日	0
10	108.295 504	34.338 422	68.53	4月13—15日	0
11	108.220 975	34.306 344	109.27	4月13—15日	1
12	108.183 677	34.319 702	70.80	4月13—15日	1
13	108.244 639	34.309 004	119.33	4月13—16日	0
14	108.157 986	34.353 505	77.27	4月14—15日	0
15	108.102 750	34.433 010	53.33	4月14—15日	0
16	108.068 696	34.320 371	93.73	4月14—16日	0
17	108.121 471	34.319 045	135.87	4月14—16日	0

（续表）

订单编号	东经/（°）	北纬/（°）	作业面积/hm²	时间窗	感染情况
18	108.095 338	34.370 230	135.33	4月14—17日	0
19	108.043 529	34.369 501	52.60	4月15—16日	0
20	108.043 069	34.433 526	101.93	4月15—17日	0
21	108.043 445	34.407 909	110.13	4月15—17日	0

注：感染情况随机生成，0表示为轻度病虫害，1为中度病虫害。

表5-4　合作社飞防队信息

合作社编号	东经/（°）	北纬/（°）	无人机型号	工作能力/（hm²/h）	飞防队数量	地面转移速度/（km/h）
1	108.209 487	34.330 020	极飞 P20	4	7	30
2	108.226 483	34.492 234	极飞 P20	4	4	30
3	108.353 795	34.332 618	极飞 P20	4	4	30

表5-5　其他相关作业信息

单日作业时长/（h/天）	作业成本/（元/hm²）	等待时间成本/（元/h）	转移成本/（元/km）	作业收费/（元/hm²）
8	75	125	8	150

注：此处作业成本仅包括机器折旧、人工成本等，不含药剂费用。

（2）算法运行结果分析　在 Intel Core i5 CPU 3.0 GHz、内存为 8.0 GB、操作系统为 Windows 10 的个人计算机上采用 Matlab R2018a 软件编程实现所设计的作业优先级排序算法及飞防队作业路径规划算法。试验中设置算法的相关参数为种群规模 200、最大进化代数 350、交叉率 0.8、变异率 0.1。

通过代入实例数据，算法可求出一个 Pareto 最优解集，能获得各优化目标下的非支配解。表5-6为算例运行一次后的试验结果，Pareto 最优解集中包括 3 个调度方案，从各个方案中的优化目标值来看，所有订单均能完成作业，同时满足单边时间窗的约束。

表5-6　最终代的 Pareto 最优解集目标值

方案编号	作业总收益/元	作业总时长/h	时间窗约束
1	134 603.74	41.45	满足
2	136 831.78	42.71	满足
3	139 382.61	43.97	满足

图 5-11 为获得最大作业总收益时的各飞防队调度甘特图，图内条块表示每个飞防队的作业计划，包括作业订单编号、作业开始时间、作业结束时间。

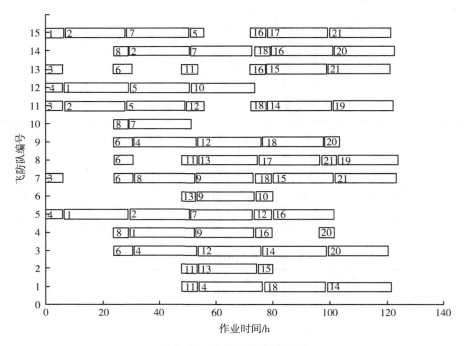

图 5-11　飞防队调度甘特图

通过所设计的算法可得到每个合作社每个飞防队的转移路线。以 2 号农机合作社为例，图 5-12 为 4 个飞防队的作业转移路线图，其中农机合作社及农田位置由经纬度坐标点确定。由该图可直观看出，每个无人机所分配到的作业任务之间具有空间上的邻近性，表明试验结果的合理性。

在实际应用中，决策者可针对生产需要，从 Pareto 最优解集中选择最佳作业方案。

图 5-13 为 Pareto 解集在调度相关成本-作业总时长空间的分布情况，Pareto 解集中的各解相对分散，说明算法可在解空间中实现有效搜索。

运行过程中的各目标函数最优值的变化情况见图 5-14、图 5-15，调度相关成本、作业总时长随迭代次数的增加而降低，且在迭代次数增加至 200 次左右时可收敛至稳定值。计算结果表明该算法可实现稳定收敛并具有较好的搜索性能。

调研数据表明，在单次防治作业任务中，合作社收到村级订单数量一般不超过 20 个，单个订单作业量为 500~3 000 亩。在实例数据中分别挑选 5 个、10 个、

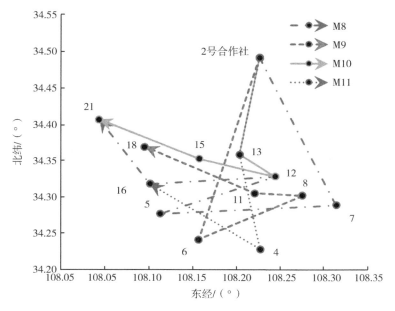

图 5-12　无人机飞防队转移路线

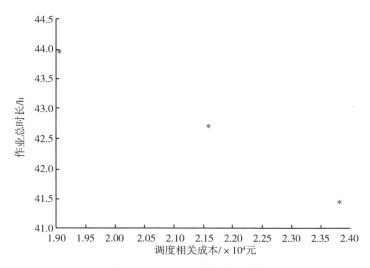

图 5-13　Pareto 解集分布情况

15 个、20 个订单数据组成 4 个算例，运行飞防队调度算法，记录两目标函数值优化至稳定值时所花费的时间。如图 5-16 所示，运算时间随订单数量的增加而增大，且近似线性增长。当算例订单数量达到 20 个、订单作业总面积为

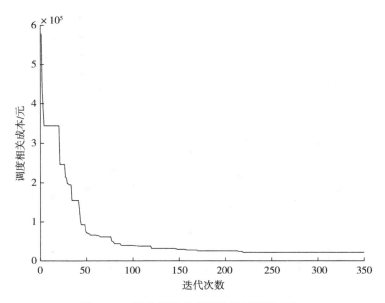

图 5-14 调度相关成本随迭代过程的变化

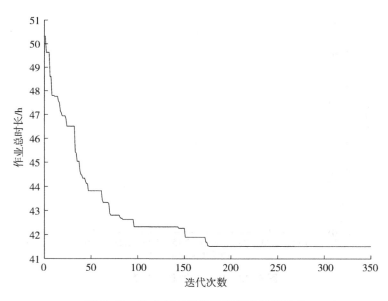

图 5-15 作业总时长值随迭代次数的变化

1 976. 30 hm²时，运算时间为 613 s，基本满足实际调度需求。在进一步的研究中，可结合其他启发式搜索策略以提高运算效率，同时通过对订单任务进行合理合并，也可降低问题规模，减少运算时间。

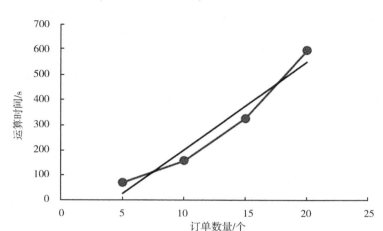

图 5-16　运算时间随订单数量的变化

同时，在县域范围内，病虫害防治单次作业合理周期约为 1 周，订单作业窗可由农户根据实际需要以及提交订单的先后顺序进行排序。为探究时间窗长度的变化对调度结果的影响，设计了以下试验进行验证。

针对上述实例，保持其他数据不变，设置所有订单时间窗长度分别为 3天、4 天、5 天、6 天、7 天，在每个时间窗长度水平下使用本算法分别进行 5次仿真，可得时间窗长度与调度相关成本和作业总时长的关系，仿真结果见表5-7。

表 5-7　时间窗长度对试验结果的影响

编号	时间窗长度/天	调度相关成本/元	作业总时长/h	等待时间/h
1	3	9 392.51	45.10	10.12
2	4	8 050.50	41.10	0.00
3	5	7 361.16	35.95	0.00
4	6	7 125.14	35.50	0.00
5	7	6 691.49	33.94	0.00

注：各项结果为 5 次试验的平均值。

由表 5-7 可知，在总作业周期不变的情况下，当订单时间窗长度大于 3 天时，等待时间成本消失，调度相关成本仅为转移成本，且随时间窗长度的增加，调度相关成本与作业总时长均呈下降趋势。

当总作业周期固定时，订单时间窗增加，各订单的时间窗重叠度随之增加，时间窗对飞防队作业调度的约束则会降低，不需要为满足部分订单的时间窗要求而增加飞防队的转移距离；同时，订单时间窗重叠度的增加降低了因订单时间窗过于集中或分散造成飞防队不能满足订单作业需求或飞防队等待作业时间过长的风险，提高了无人机利用效率。

因此，在实际生产中，飞防队可鼓励无急迫作业需求的农户，设置较大的订单时间窗长度，以降低作业相关成本和作业总时长，实现更高效、合理的调度。

5.2.2.4 小结

以面向订单的多飞防队协同调度为研究对象，对飞防队作业调度的各项成本进行分析，构建了以调度总收益最大和调度总时长最小为优化目标的飞防队作业调度模型。该模型考虑了农田面积、无人机和农田位置信息、作业时间窗等因素，满足多目标调度需求以及单边硬时间窗的约束，提高了飞防队作业调度模型的准确性。

通过分析对比多目标调度算法特点，结合飞防队作业调度需求，提出了考虑病虫害侵染状况的订单优先级排序算法和基于 NSGA-Ⅱ 的作业路径规划算法，并对飞防队作业调度模型进行了求解。

通过 Matlab 软件进行了算例仿真与相关试验分析，根据本节提出的飞防队作业调度模型及算法求解出的满足时间窗约束的 Pareto 解集，可为决策者提供多个备选的调度方案。

5.2.3 植保无人机任务分配模型

目前针对植保无人机作业区域内航线规划的研究较多，对任务分配的研究较少，导致飞防队作业存在单机高效、机群低效的问题。除此之外，以飞防队为单位的植保无人机的航线规划与任务分配研究缺乏考虑无人机田内返航因素，导致在实际作业中总作业时长增加、飞防队电池损失变大的不利情况出现。因此，借鉴植保任务划分方法[17-20]，综合考虑无人机电池容量和载药能力，提出以降低植保作业时间消耗、减少电池损失且适应多作业区域为目标的航线规划与任务分配算法。

5.2.3.1 模型假设

假设作业任务 T 由 N 个作业区域块组成，以电池容量和载药量为约束，可被分为 V 个可由单架无人机执行的子任务。整个飞防队有 K 架植保无人机，即最多有 K 架无人机可参与路径遍历。模型满足以下基本假设：①无人机从补给点起飞，单次作业完成后返回补给点；②每架无人机型号相同，农药装载量、电池容量、电池消耗速度相同；③每个作业区域的位置与形状已知，不考虑障碍物对航线规划带来的影响；④假设每个作业区域之间距离较小，不考虑作业区域间路径转移代价；⑤所有作业区域块的作业优先级相同。

5.2.3.2 模型建立

模型运算所需参数及含义见表 5-8。

表 5-8 相关参数及其含义

名称	含义及单位
T_t	总作业时长，s
H_t	由电池充电带来的电池损失
N	作业区域位置集合
V	被划分的子任务集合
Q_k	k 无人机的最大载药量总量，L
E_k	k 无人机的最大电池容量，mAh
K	无人飞机集合 $K = \{k \mid 1, 2, \cdots, m\}$
d_e	无人机电池消耗速度，mAh/m
d_{t_i}	无人机飞行速度，m/s
C	无人机上升、下降及更换电池、补充药液时间，s
q_i	无人机进行 i 子任务作业时的农药消耗速，L/s
x_i	i 子任务返航点到补给点的长度，m
len_i	i 子任务中植保作业路程长度，m
x_{ijk}	决策变量，当路径 (i, j) 由 k 无人机访问的时候取 1，否则取 0

植保无人机的能量消耗与飞行时间呈正相关关系，且飞防队的作业效率在实际作业中是更重要的因素，因此，选择作业时间为优化目标。

式（5-30）表示优化目标，其中 T_t 表示作业和返航时间消耗，消耗的时间进行归一化处理。H_t 表示无人机更换电池带来的电池损失。

$$\min Z = T_t + H_t \tag{5-30}$$

式（5-31）表示总作业时间消耗，由每个子任务的作业时间、子任务往返补给点、补给过程组成，其中 C 为一个常数，本研究选择 30 s 作为其取值。

$$T_t = \sum_{i \in V} (x_i + \mathrm{len}_i) / d_{t_i} + C \tag{5-31}$$

式（5-32）表示电池损失，电池损失与植保无人机的电池更换次数呈正相关。h_i 表示第 i 块作业区域需要返航的次数，每次返航都需更换电池，或对电池进行充电, 以满足下一次飞行, 每次更换电池的损失值为 0.001。

$$H_t = \sum_{i \in N} (h_i \times 0.001) \tag{5-32}$$

式 (5-33) 表示每个单位作业面积仅被访问 1 次。

$$\sum x_{ijk} = 1, \forall j \in V \tag{5-33}$$

式 (5-34) 表示 k 无人机 i 子任务作业能量消耗需满足无人机电池容量限制。

$$\forall_{i \in V}(x_i + \mathrm{len}_i) \, d_e \leqslant E_k, \forall k \in K \tag{5-34}$$

式 (5-35) 表示 k 无人机 i 子任务农药消耗量满足无人机最大载药量限制。

$$\sum_{i \in V} \left(\frac{\mathrm{len}_i}{d_{t_i}} \right) q_i \leqslant Q_k, \forall k \in K \tag{5-35}$$

5.2.3.3 多作业区域的植保无人机群航线规划与任务分配算法

(1) 基于补给消耗的作业区域航线规划与子任务划分方法 目前研究凸多边形地块的航向优化方法一般采用凸多边形优化方法, 这种方法主要针对单架无人机单次可完成作业田块的航线规划, 但对单次无法完成植保任务的航线规划, 可能存在田间转移时间长导致机群整体作业效率下降的情况。

本节采用步进旋转法, 遍历所有可能航向下的航线, 并计算其作业时间和能量、农药消耗。为保障飞机能够顺利返航到补给点, 植保作业中的能量消耗最多占到单个电池总电量的 80%, 超过 80% 需要返航。此时将出现两种情况。①在某一个或某几个航向下, 植保无人机可单次完成植保作业任务。若只存在一个航向角, 则该航向角为该地块的航线规划角度。若存在多个航线角, 则选择田内作业时间与作业完成返航时间之和最短的航向作为该地块的航线规划角度。②任何航向角下植保无人机都不能一次完成植保作业任务。此时需要综合考虑植保无人机的电池容量和最大载药量, 对无人机返航点进行划分, 采用如下步骤对返航点进行确定, 并计算出每个航向角下的时间、能量和农药消耗, 具体流程见图 5-17。

步骤 1: 计算植保无人机从补给点起飞规划到航线起点的能量消耗 E_{start}, 无人机飞行长度 X_{start}, 此时有 $E = E_{\mathrm{start}}$, $X = X_{\mathrm{start}}$。

步骤 2: 从第一条航线开始, $j=1$, $i=1$, 依次计算 i 航线的能量消耗 E_i、农药消耗 D_i 和植保作业飞行长度 X_i, $E = E + E_i$, $D = D + D_i$, $X = X + X_i$, $j=j+1$。

步骤 3: 若 E 超过电池总电量的 80% 或 D 大于无人机载药量的最大值, 则有 $E = E - E_i$, $D = D - D_i$, $X = X - X_i$。将 i 航线到 $j-1$ 航线作为一个子任务。子任务的能量消耗 $E = E + \mathrm{dis}(x_{j-1}) \times d_e$ 作为子任务的能量消耗, 其中 $\mathrm{dis}(x_{j-1})$ 表示 $j-1$ 航线的航线终点到补给点的距离。D 为子任务的农药消耗, 时间消耗为 $T = \dfrac{X + \mathrm{dis}(x_{j-1})}{q_i}$。

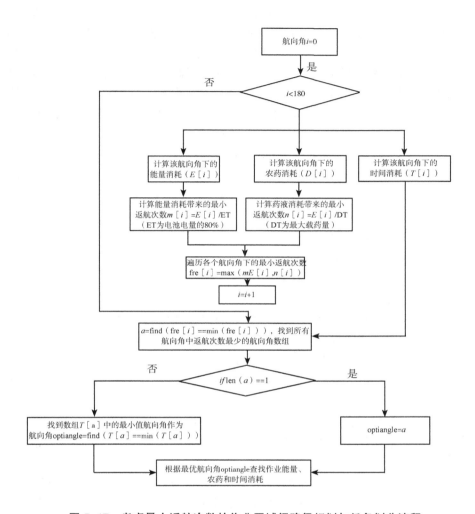

图 5-17 考虑最小返航次数的作业区域间路径规划与任务划分流程

步骤 4：$i=j$，$j=j+1$。循环此过程至所有的航线都被遍历，返回补给点。用此方法可得到该航向角下植保无人机子任务起始点及子任务的能量、时间和农药消耗集合 E、T 和 D。

在所有航向中选择所有子任务时间消耗最小的航向角作为该地块的航线规划角度。

（2）基于改进粒子群优化的任务分割与分配方法 优化目标见式（5-30），它解决了无人机返航次数过多带来的非植保作业时间消耗、电池损耗的问题，以及基于无人机电池容量和载药量限制的子任务划分问题，优化目标转化为式（5-36）。

$$minz = T_t \tag{5-36}$$

由于所有地块的作业优先级相同，地块作业顺序按照就近原则进行排序，子任务编号也按照就近原则进行排序。根据地块的形状与无人机作业幅宽的关系，每个子任务的时间和能量消耗也一定完全相同，因此，任务划分问题转化成了数组分割问题，即给定元素个数为 m 的数组，将数组分割为 n 个子数组，每个子数组分别求和组成数组 sum，使 sum 中的最大值最小。为解决上述数组分割问题，本节采用粒子群算法，见式（5-37）、式（5-38）。

$$v_i = v_i + c_1 \times \mathrm{rand}(0,1) \times (p_{\mathrm{best}_i} - x_i) +$$
$$c_2 \times \mathrm{rand}(0,1) \times (g_{\mathrm{best}_i} - x_i) \tag{5-37}$$
$$x_i = x_i + v_i \tag{5-38}$$

式中，v_i——粒子现在速度；

$\quad\quad x_i$——粒子现在位置；

$\quad p_{\mathrm{best}_i}$——单个粒子的最佳位置；

$\quad g_{\mathrm{best}_i}$——粒子群中最佳粒子位置。

粒子群算法的基本操作步骤如下。

步骤 1：初始化种群。随机初始化粒子的速度和位置，其中 c_1、c_2 为学习因子，一般选择使用一个常数。

步骤 2：根据适应度函数计算各个粒子的适应度，根据式（5-37）进行粒子的速度寻优，其中，p_{best_i} 表示该粒子的历史最佳位置，g_{best_i} 表示该粒子种群的最佳位置。

步骤 3：根据式（5-38）进行粒子的位置更新。

步骤 4：反复迭代步骤 2、步骤 3，直到达到迭代次数或代数之间满足最小值结束循环。

为加快粒子群算法的搜索速度，本节引入列维飞行方法对粒子群中的 c_1、c_2 取值进行优化。式（5-39）表示列维飞行，其中 x、y 为正随机变量，c 和 T 均为大于 0 的常数。列维飞行描述的是一个运动模式，指经历许多小的移动距离后突然发生一个较大的移动。

$$y = cx^{-\mathrm{T}} \tag{5-39}$$

5.2.3.4 仿真分析

（1）无人机与地形参数描述 本节参考了南京爱津植保飞防队的作业模式，队内采用的植保无人机续航时间为 20 min，当电池消耗量大于 80% 的时候无人机返航。无人机作业与转移飞行速度都为 4 m/s，作业幅宽为 2 m。无人机最大载药量为 10 L，无人机喷药量为 1 L/亩。无人机在补给处下降以及更换电池、补充药液的时间为 30 s。在作业区域形状规则且长宽比较大的情况下，单架无人机单次飞行作业面积约为 10 亩。

　　本节的作业田块为模拟田块，田块的面积以及田块形状选择对植保无人机群的作业效率影响较大，因此田块面积参照《高标准农田建设　通则》对格田和条田的规定，确定小面积作业区域的大小为 1 亩左右，大面积作业区域的大小为 15~100 亩。将作业区域抽象为二维平面，已知作业区域的顶点坐标，假设补给车的位置坐标为［0，0］。作业区域面积较大的 3 个作业区域为场景 1（图 5-18），分别为不规则图形作业区域（顶点坐标为［0，0］、［100，0］、［200，100］、［0，200］）、梯形作业区域（顶点坐标为［0，220］、［180，220］、［180，500］、［75，520］、［0，300］）和矩形作业区域［顶点坐标为 200，220］、［400，220］、［400，320］、［200，320］。面积较小的 4 个作业区域为场景 2，分别为平行四边形作业区域（顶点坐标为［0，0］、［50，0］、［60，60］、［10，60］）、三角形作业区域（顶点坐标为［100，0］、［180，0］、［150，60］）、梯形作业区域（顶点坐标为［30，100］、［50，100］、［100，100］、［90，140］、［40，140］）和平等四边形作业区域（顶点坐标为［120，100］、［170，100］、［160，140］、［110，140］）。

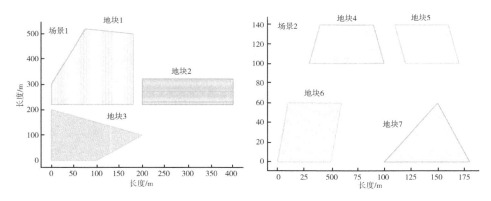

图 5-18　作业场景及作业区域示意图

　　（2）无人机群航线规划与任务分配　在无人机田内路径规划方面，分别使用最小返航法（本方法）与时间最小方法对场景 1 和场景 2 中的田块进行路径规划，其角度规划结果见表 5-9，同时以贪婪法为基础，根据飞防队中无人机电池与农药装载容量为约束进行任务分割。各个地块的返航点见图 5-19c 和 5-20c。

表 5-9　时间最小方法与本方法规划的航向角

地块名称	时间最小方法/（°）	本方法/（°）
地块 1	120	117

(续表)

地块名称	时间最小方法/ (°)	本方法/ (°)
地块 2	90	90
地块 3	0	0
地块 4	10	9
地块 5	40	92
地块 6	91	89
地块 7	91	89

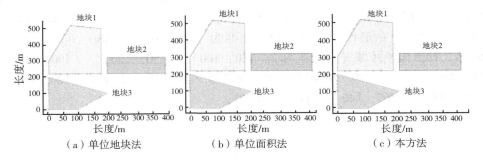

（a）单位地块法　　　　　（b）单位面积法　　　　　（c）本方法

图 5-19　场景 1 田间路径规划与返航点

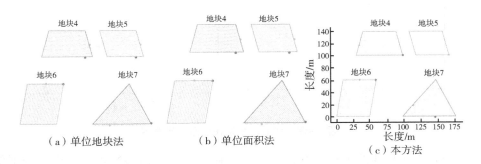

（a）单位地块法　　　　　（b）单位面积法　　　　　（c）本方法

图 5-20　场景 2 田间路径规划与返航点

　　在任务分配方面，将使用本节提出的改进粒子群方法和其他传统方法从时间消耗、能量消耗和返航次数 3 个方面进行对比。传统的任务分配采用两种方法。①单位地块法：每架无人机负责 1 个地块的飞防作业，当无人机电量或药液不足时返回补给点。②单位面积法：对每个地块按照飞防经验确定的单位面积进行分割，单位面积为 12 000 m²，对面积超过 12 000 m² 的单个地块，按照每 12 000 m² 为 1 个单位，进行分割，形成多个子任务；当地块面积不超过

12 000 m² 的直接视为 1 个子任务，每架无人机按照作业排列顺序对应每次服务，当无人机电量或药液不足时返回补给点。

假设飞防队中共有 6 架无人机、2 台补给车，每台补给车可服务 3 台无人机，使用传统方法与本方法进行路径规划与任务分配的时间消耗和能量消耗见表 5-10。

表 5-10 6 架无人机进行作业与任务分配的时间消耗与能量消耗

场景	方法	时间消耗/s	能量消耗/mAh	任务分割次数
场景 1	单位地块法	7 939.64	20 294.53	24
	单位面积法	3 651.05	16 115.28	24
	本方法	3 150.56	13715.34	23
场景 2	单位地块法	692.44	4 632.25	8
	单位面积法	649.55	4 345.94	8
	本方法	628.00	3 856.05	7

假设飞防队中有 4 架无人机、2 台补给车，每台补给车可服务 2 台无人机，使用传统方法与本方法进行路径规划与任务分配的时间消耗和能量消耗见表 5-11。

表 5-11 4 架无人机进行作业与任务分配的时间消耗与能量消耗

场景	方法	时间消耗/s	能量消耗/mAh	任务划分次数
场景 1	单位地块法	7 939.64	20 294.530	24
	单位面积法	3 854.54	12 895.92	24
	本方法	3 327.91	12 687.69	23
场景 2	单位地块法	692.44	4 632.25	8
	单位面积法	676.32	4 165.89	8
	本方法	664.32	4 064.95	7

（3）讨论 场景 1 中的作业区域块面积较大，单个作业区域面积在 30 亩左右，场景 2 中的作业区域面积较小，单个作业区域面积在 1 亩及以下，两种场景都将多种凸多边形形状的作业区域纳入场景中。从任务划分数来看，由于本节提出的方法在作业区域内路径规划中考虑了减少返回补给站次数，两种场景下均较两种传统方法减少了任务划分次数。

在子任务划分方面，飞防队受到补给车数量的限制，补给位置相对固定。以航线为单位的子任务划分方法可适应未来补给车可灵活移动的场景。

在时间消耗和能量消耗方面，本节提出的方法在作业区域面积大、无人机数量多的场景下更有优势。其中，6 架无人机进行场景 1 作业时，在时间消耗方面，比单位地块法降低 60.32%，较单位面积法降低 13.71%；在能量消耗方面，较单位地块法降低 32.42%，较单位面积法降低 14.89%。

在小面积作业区域作业场景中，由于作业区域作业量有限，本节提出方法的作业效率较单位面积法提升幅度有限，但在减少时间消耗和能量消耗上具有优势。

5.2.3.5　结论

针对多作业区域多植保无人机的飞防队作业模式，提出综合考虑无人机返航次数、作业时间、能量消耗的无人机路径规划与任务分配模型。在作业区域内路径规划方面提出以返航次数最少、作业时间和能量消耗较低为优化目标的路径规划方法。以航线为基本单位，以无人机电池、载药量为约束进行子任务划分，可适应未来补给车自由移动的场景。在任务分配方面，以作业总时长和能量总消耗最小为优化目标，采用优化粒子群方法对任务进行分配。

试验算例采用大面积和小面积作业区域块，分别将规则地形与非规则地形纳入算例中，以 6 架无人机飞防队和 4 架无人机飞防队为算例，对作业时间消耗和能量消耗进行统计。本节提出的方法在大面积作业区域和 6 架无人机的算例中优势最佳，在时间消耗上较单位地块法降低 60.32%，较单位面积法降低 13.71%，在能量消耗上较单位地块法降低 32.42%，较单位面积法降低 14.89%。本节算法较传统方法降低了 4.17% 的电池损失率，从而验证了本节方法在时间消耗和能量消耗上的优势。

5.3　收割机调度

本节以面向订单的多农机协同作业模式为研究对象，针对谷物收获环节，对机收作业调度中的收益及各项成本进行分析，以机收作业总收益最高为优化目标，建立收割机作业调度模型，并提出基于 SA 的收割机调度算法，旨在给出合理的农机调度方案，以提高农机利用的效率和效益，为农机管理提供科学决策依据。

5.3.1　收割机作业调度模型的分析与建立

5.3.1.1　现阶段农机作业调度特点

调度是一个多目标、多约束的组合优化问题，它的目标函数总是跟时间排序、资源安排或经济效益联系在一起。农机作业调度是农业生产中一类特殊的调度问题，在农机社会化服务水平不断提高的条件下，农机作业调度问题呈现以下特点。

一是农机作业调度半径较大。随着农田作业供需信息平台建设的不断完善，信息沟通渠道日益畅通，农机可跨区作业的半径不断扩展。因此，在进行农机调度时需考虑具体转移路线的规划以及因为地区差异带来的农田作业时间差的影响，以降低农机调度作业成本。

二是农机作业调度的组织模式日趋完善。在相关政策的扶持下，各地农机作业调度平台建设不断完善，统一组织管理能力不断增强，农机作业调度的对象多为拥有较多农机资源的农机大户、农机专业合作社、农机作业公司等，为多农机主体协同调度提供了条件。

三是农机作业调度的协作性需求不断增加。随着土地适度规模经营政策的实施，连片耕地规模不断扩大，在农田作业时间窗的约束条件下，单个农机难以满足农户作业需求，需要多台农机合作服务，甚至多农机服务主体的合作服务。此外，农机作业需求的范围不断扩大，从原来的耕种收向生产链前后延伸，因此对多类型农机协同作业的需求也在不断增加。

四是新型农机作业模式不断涌现。农机社会化服务模式不断创新，订单式、托管式的农机作业模式正逐步成为农机社会化服务的主流，农机户与农户的契约关系也日趋稳固，为农机作业调度创造了条件。

5.3.1.2　收割机作业调度模式分析

针对目前农机作业调度的特点与趋势，以区域范围内面向订单的多农机协同调度模式为研究对象，以谷物收割机为例，其作业调度过程可描述为：在某个区域内设置农机调度中心，该中心具有区域范围内农机作业订单统计、农机资源统一调度等职能。在收获季，农机作业调度中心从农户处统计农机作业需求订单，包括作业类型、作业地点坐标、作业面积、农田最早收割时间、最晚收割时间等信息；农机作业调度中心根据区域内各收割机与农田的距离、收割机的生产率、作业状态等信息，给出区域内农机作业调度方案，为各农田匹配合适的收割机。在多农机协同调度模式下，以满足农田收割时间窗和机收作业总收益最大为目标，建立农机作业调度模型，给出合理的农机作业调度方案。由于农业生产的复杂性，本节研究基于以下假设：①农田订单信息以及农机位置、作业能力和状态等信息明确，且在作业中农机无故障；②单个农田作业订单可由一台或多台农机作业，当多台农机协同作业时，农机可能来自不同的农机主体；③农田的收割时间窗为谷物最佳收获期，农机可适当提前到达农田作业点，农田结束作业时间可适量超出最晚收割时间，但需计算不在时间窗作业所带来的成本损失；④同一订单中的各农机开始作业时间不一定相同，但结束作业时间应相同，各收割机在完成所有订单任务后返回原机库。

5.3.1.3　机收总收益及成本分析

在面向订单的农机作业协同调度模式下，区域内机收作业的总收益等于农机作业的总收入减去机收作业的总成本。区域内机收作业总成本主要由收割机的使用成本以及在收割机作业与转移过程中受时间以及空间变化所产生的成本，包括收割机使用成本、收割机转移成本、收割机等待时间成本以及农田延误作业损失成本。

（1）收割机作业收入　农机作业的收入主要是指在每个农田进行机收作业时的服务收入，其与订单的面积及单位面积的作业价格有关，在一定区域范围内，作业价格常有一定标准。

（2）收割机使用成本　收割机的使用成本主要是收割机在农田作业时所消耗的成本，主要由收割机所分担的年固定费用、作业油料消耗、维修费用、机手工资等组成。在实际生产中，收割机单位面积作业收费往往有一定标准，单个农田的收割机使用成本通常不随调度方案发生改变，仅与农田作业面积有关。

（3）收割机转移成本　收割机转移成本主要包括各收割机从机库到田间以及在田间转移时所产生的运输成本。该项成本在收割机速度变化不大的情况下仅与转移的总路程有关且呈线性关系。

（4）收割机等待时间成本　收割机若在农田收割时间窗内到达农田作业点则无须等待，可直接进行作业，若收割机提前到达则需等待至农田最早可收割时间才可进行作业，这部分等待时间所引入的成本为等待时间成本。

（5）农田延误作业损失成本　在合适的收获期内进行谷物收获作业可以减少谷物机收损失，若超出该收获期，则谷物的机收损失率会显著增加，这就要求收割机尽可能在适收期内完成机收作业。因为农机调度不合理造成收获时间错过最佳收获期所带来的谷物损失，称为农田延误作业损失成本。

现有研究较少将农田延误作业损失成本引入农机调度模型。在收割时间窗为最佳收获期的情况下，农田延误作业损失主要来源于农机晚于最晚收割时间所带来的谷物损失，因此，农田延误作业损失与农机调度密切相关。通常，在延误时间较小时，农田延误作业损失与收割作业面积成正比。

5.3.1.4　收割机调度模型的建立

（1）模型变量及参数设定　对该模式下的收割机调度问题进行分析，需要对调度过程中所涉及的主要变量及参数进行数学描述。

区域内的农机点集合为 V_{mo}，农田作业点集合为 V_f，所有路径节点的集合为 $V_s = V_{mo} \cap V_f$，收割机在各路径节点间转移。共有 M 个农田，每个农田作业订单信息应包括农田的经纬度坐标、农田面积 A_j（单位：hm^2）、作业时间窗 $[T_{sj}, T_{ej}]$，$j = 1, 2, \cdots, M$。

各农机点共拥有收割机 N 台，调度中心应统计收割机的以下信息：收割机的经纬度坐标、收割机的生产率 w_i（单位：hm^2/h）、收割机的转移速度 v_i（单位：km/h）。

调度中心所给出的调度方案应包括：j 农田订单所需的农机数量 M_j 及农机编号；i 农机经 g 节点到达 j 作业点的时间 $t_{i(g,j)}$，g，$j \in V_s$；i 收割机在 j 农田实际开始作业的时间 t_{sj}^i；j 农田作业结束时间 T_{ej}。

此外，还需定义以下变量及参数：F 为调度方案的调度总收益（单位：元）；c_h 表示单位面积作业收入（单位：元）；c_{wj} 表示 j 农田的单位面积收割机使用成本（单位：元/hm^2）；c_y 为单位距离转移成本（单位：元/km）；c_s 为单位面积适时性损失［单位：元/（$hm^2 \cdot h$）］；$D_{(g,h)}$ 为 g、h 两点之间的距离（单位：km），g，$h \in V_s$；x_{ij} 为农机作业标志位，当 i 收割机作业 j 农田时 $x_{ij}=1$，否则为 0；$p_{i(g,h)}$ 为农机转移标志位，当 i 农机经 g 节点转移到 h 节点时 $P_{i(g,h)}$ 为 1，否则为 0。

（2）调度目标及约束条件　通过对面向订单的多农机协同调度模式的分析，以机收作业总收益为优化目标，建立机收作业调度模型，如式（5-40）所示。

$$
\begin{aligned}
\max F = & (c_h - c_{wj}) \sum_{j=1}^{M} A_j - c_y \sum_{i=1}^{M} \sum_{g \in V_s} \sum_{h \in V_s} p_{i(g,h)} D_{(g,h)} \\
& - c_d \sum_{i=1}^{M} \sum_{j=1}^{N} x_{ij} \max \{ t_{i(g,j)} - T_{sj}, 0 \} \\
& - c_s w \sum_{i=1}^{M} \sum_{j=1}^{N} x_{ij} \max \{ t_{ej} - T_{ej}, 0 \}
\end{aligned}
\tag{5-40}
$$

结合生产实际及对调度过程的相关假设，可得到以下约束条件：

$$
M_j = \left[\frac{A_j}{\overline{w} \left[T_{ej} - T_{sj} \right]} \right] + 1
\tag{5-41}
$$

$$
\sum_{i=1}^{M} \sum_{j=1}^{N} x_{ij} w_i (t_{ej} - t_{sj}^i) = A_j
\tag{5-42}
$$

$$
t_{i(g,h)} = t_{eg} + \frac{D_{(g,h)}}{v} < t_{eh}
\tag{5-43}
$$

$$
\sum_{k \in V_{mo}} \sum_{g \in V_s} p_{i(k,g)} - \sum_{k \in V_{mo}} \sum_{g \in V_s} p_{i(g,k)} = 0
\tag{5-44}
$$

式（5-40）为模型的目标函数，表示该区域内机收作业总收益，为农机机收作业服务总收入与总成本之差。式（5-41）至式（5-44）为模型的约束条件，式（5-41）表示 j 农田满足作业量需求所需的最少农机数量；式（5-42）表示 j 农田的作业任务必须完成，其中 t_{sj}^i 为 i 农机在 j 农田实际开始作业的时间；式（5-43）表示 i 收割机到达 h 节点的时间，为在 g 节点完成作业的时间加上 g 节

点到 h 节点田间转移的时间，且该时间应当早于 h 节点最晚的收割时间；式（5-44）表示 i 收割机必须返回原机库。

5.3.2 基于模拟退火的农机调度算法设计

5.3.2.1 收割机调度算法选择

收割机调度问题可以看作是多车场的带时间窗的车辆调度问题的特例，是一个较为复杂的组合最优化问题。针对类似规模较大的非确定性多项式难题（NP-hard），启发式算法被广泛应用。启发式算法又可具体分为构造式启发算法（如节约算法、插入法、扫除算法等）和智能启发算法（如模拟退火、蚁群算法、遗传算法、禁忌搜索算法等）两大类。构造式启发算法计算速度较快，但难以获得全局近优解；智能启发算法则大多具有全局搜索性好的特性，但也具有编码复杂、搜索随机性强、在编码设计不好的情况下易产生非法解的缺点[27]。

与普通车辆调度问题相比，收割机作业调度问题具备以下特点：①调度对象多、范围广，问题规模大；②一个农田可由一台收割机服务，也可由多台收割机服务，传统的车辆调度算法编码方式难以表达；③农业生产时效性强，因此在设计算法时需要考虑农田作业顺序的优先级。

针对上述特点，综合对比各类启发式算法发现，构造式启发算法运算效率高，可以得到较好的可行解，但解的全局性较差；而智能启发算法中的 SA 算法通用性能较好，对于复杂问题编码较容易，同时局部搜索性较好，在对运算时间要求不高的条件下，可得到质量较好的全局最优解。基于上述分析，本节选用基于 SA 算法的启发算法，对收割机作业调度模型进行解算，先利用调度规则生成初始调度方案，然后利用 SA 算法对初始方案进行组合优化。

5.3.2.2 解的编码

编码方式结合农机作业调度问题的特点以及相关研究，解的编码可采用两层编码方式（图 5-21）。

F_1		F_2			F_3			F_4		F_5	
m_1	m_2	m_3	m_4	m_5	…	…	…	…	…	m_{k-1}	m_k

图 5-21 双层编码方式

第一层的编码为农田的排序，农田在整个编码中的先后顺序即农田订单的服务顺序。F_1~F_5 为农田作业订单；第二层的编码为农田中农机的排序，F_1 农田中作业的农机为 m_1、m_2，同一农田中的农机作业不分先后顺序。

由生产经验可知，对收割时间窗靠前、面积大的农田优先服务可降低农田延误作业损失，为农田分配合理收割机数量可降低生产成本。因此，在编码中可采用以下策略。

策略1：以农田时间窗以及农田面积为变量，采用加权法设计优先级函数，农田作业次序按照优先级排序。

设时间窗因素的权重为 w_1，农田面积的权重为 w_2，t、a 分别为农田时间窗和农田面积的归一化数据，优先级函数如式（5-45）所示，t、a 的计算方法分别见式（5-46）、式（5-47）。

$$f = w_1 t + w_2 a \tag{5-45}$$

$$t = \frac{\max T_{sj} - T_{sj}}{\max T_{sj} - \min T_{sj}} \tag{5-46}$$

$$a = \frac{A_j - \min A_j}{\max A_j - \min A_j} \tag{5-47}$$

策略2：给农田匹配能满足生产需要的最少农机资源。

策略3：在为农田订单匹配收割机时，优先调度到达时间与农田最早收割时间的绝对差值小的收割机。

给农田所分配的农机数量由农田的面积以及收割时间窗确定，分配的收割机数量由式（5-40）确定。

5.3.2.3　基于调度规则的初始解生成

根据5.3.2.2节的编码策略，生成SA算法的初始解，具体步骤如下。

步骤1：建立农田任务集并按照策略1进行作业次序排定，建立作业农机库集。

步骤2：判断农田任务集是否为空，如果为空则转步骤5，否则转步骤3。

步骤3：按照策略2、策略3为农田订单分配收割机。

步骤4：转步骤2。

步骤5：初始调度方案匹配完成。

5.3.2.4　状态产生函数

状态产生函数所能搜索到的新解应分布在整个解空间内，且各新解应在当前状态的邻域结构内以一定概率方式产生。为加快收敛速度，常常采用交换部分当前解结构的方式产生新解，但收割机作业调度问题的编码以及解空间具有特殊性，不能采用直接交换的方法。

在收割机作业调度中存在收割机重复利用以及多机合作的情况，因此在采用交换法产生新解时可能会出现以下问题：一个农田中多次出现同一收割机；相近时间窗的农田中多次出现同一收割机；同一收割机交换导致新旧解相同。这些问题会造成无效解、劣质解的产生，拖慢收敛进度。因此，在状态产生函数的设计中，本节设计了检测环节，通过判断流程避免上述问题，以保证新生成解的有效性。

新解产生过程如图 5-22 所示，在两个不同的农田中各随机选择 1 台收割机进行交换。通过检测环节，若发生交换的收割机编号相同，则重新进行交换；若交换后两个农田中出现两个编号相同的收割机，则本次交换失败，重新进行交换，以此保证交换的有效性。

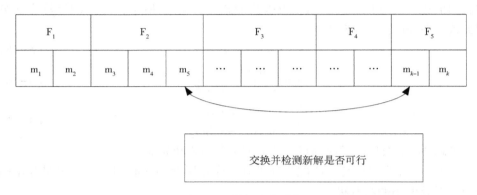

图 5-22 新解产生过程

5.3.2.5 降温过程的控制

（1）劣质解接受准则 主要是新解的接受概率函数，它是函数跳出最优解的关键，在试验中最常用的接受概率函数为：

$$P_{T_k} = \min\left\{1, \ e^{-\frac{\Delta E}{T_k}}\right\} \tag{5-48}$$

式中，T_k——当前温度；

ΔE——新解与旧解的目标函数差值。

（2）降温函数 采用较常用的以固定速率降温的降温函数。

$$T(k+1) = rT(k)，0 < r < 1 \tag{5-49}$$

式中，r——降温系数；

k——降温次数。

（3）停止准则 停止准则包括内循环和外循环的停止准则，用来限定降温进程的进行条件，同时影响退火过程的迭代次数。内循环采用固定迭代步长，外循环则是当函数值在迭代一定次数后不变时，退出迭代。

5.3.2.6 整体算法步骤

基于 SA 算法的收割机作业调度算法的计算步骤如下。

步骤 1：读取农户订单信息及收割机位置坐标信息，初始化距离矩阵，建立农田作业任务集并进行作业优先级排序，建立收割机库集。

步骤 2：调度规则生成初始调度方案 X_0。

步骤 3：设置初温 T_0、结束温度 t_{min} 以及每个温度下的当前最优解 $X_{best} = X_0$；当前温度 $T = T_0$，降温系数 r。

步骤 4：若满足 $T < T_{min}$，则转步骤 11，否则重复执行步骤 5 至步骤 9。

步骤 5：初始化迭代步长 $L = 0$，重复执行步骤 6 至步骤 9，直至 $L = L_{max}$。

步骤 6：应用状态产生函数，生成当前温度下新解 X_{new}。

步骤 7：比较 X_{new} 与当前最优解 X_{best} 的函数值，若 $F(X_{best}) > F(X_{new})$，转步骤 8；若 $F(X_{best}) < F(X_{new})$，$X_{best} = X_{new}$，转步骤 9。

步骤 8：按 $P_{t_k} = \min\{1, e^{-\frac{\Delta E}{t_k}}\}$ 计算接受概率，并取 0~1 的随机数 Rand，若 $P_{T_k} > $ Rand，则令 $X_{best} = X_{new}$。

步骤 9：$L = L + 1$，转步骤 5。

步骤 10：$T = T_r$，转步骤 4。

步骤 11：结束，输出当前最优解。

5.3.3　算例验证及分析

5.3.3.1　算例信息

选定黑龙江省五常市内的 4 家农机合作社作为算例分析对象，合作社共有收割机 10 台。农机作业调度中心在收获季共统计到 20 个农田水稻机收作业订单，所有订单由 4 家合作社协作完成。农田订单及农机的具体信息见表 5-12、表 5-13。

通过相关调研及资料查阅，五常市单位面积农田的服务价格为 900 元/hm²，农机的单位面积使用成本为 720 元/hm²（不含燃料费），选用久保田 4LBZ-172B 型半喂入式收割机进行作业，该机型收割机每天作业 12 h，转移速度为 35 km/h，单位距离的转移成本为 4 元/km，单位时间的等待成本为 42 元/h，收割机生产率为 0.45 hm²/h，农田超时收获损失为 10.8 元/（hm²·h），通过百度地图 API 接口获取各坐标点之间的转移路程。

表 5-12　农田订单信息

农田编号	东经/（°）	北纬/（°）	面积/hm²	时间窗
1	127.116 7	44.911 7	34.200	10月1—4日
2	127.112 5	44.895 2	9.733	10月1—4日
3	126.744 8	45.350 7	27.867	10月1—4日
4	127.605 1	44.481 3	23.600	10月1—4日
5	127.624 9	44.423 2	30.667	10月1—4日

农田编号	东经/（°）	北纬/（°）	面积/hm²	时间窗
6	127.831 5	44.310 8	25.933	10月5—8日
7	127.264 3	44.735 8	31.067	10月5—8日
8	127.604 1	44.915 9	36.133	10月5—8日
9	127.612 4	44.816 1	24.200	10月5—8日
10	127.234 4	44.780 4	25.400	10月5—8日
11	127.246 9	44.830 1	39.667	10月9—12日
12	127.097 7	44.799 2	25.467	10月9—12日
13	127.092 3	44.845 6	19.800	10月9—12日
14	127.059 7	44.902 5	37.800	10月9—12日
15	127.299 6	45.045 6	33.533	10月9—12日
16	127.347 6	44.969 1	14.733	10月13—16日
17	126.730 1	45.243 6	32.400	10月13—16日
18	126.797 2	45.182 9	30.400	10月13—16日
19	126.939 7	45.161 9	21.067	10月13—16日
20	127.021 0	45.126 6	35.733	10月13—16日

表5-13 农机信息

农机编号	东经/（°）	北纬/（°）	转移速度/（km/h）	生产率/（hm²/h）
M1	127.084 1	45.084 3	35	0.45
M2	127.084 1	45.084 3	35	0.45
M3	127.176 5	44.824 6	35	0.45
M4	127.176 5	44.824 6	35	0.45
M5	127.176 5	44.824 6	35	0.45
M6	127.442 5	45.024 2	35	0.45
M7	127.442 5	45.024 2	35	0.45
M8	127.442 5	45.024 2	35	0.45
M9	127.558 6	44.916 8	35	0.45
M10	127.558 6	44.916 8	35	0.45

5.3.3.2　结果分析与讨论

在 Intel Core i5 CPU 3.0 GHz、内存为 8.0 GB、安装系统为 Windows10 的个人计算机上采用 Matlab R2018a 软件编程实现所设计的 SA 算法以及遗传算法。SA 算法设置初始温度 T_0 为 100℃，最终温度 T_{min} 为 10^{-20}，内循环次数 $L = 100$，降温系数 $r = 0.95$。

在 Matlab 软件中运行所设计的 SA 算法对算例进行求解，可得到调度方案，如图 5-23、图 5-24 所示。

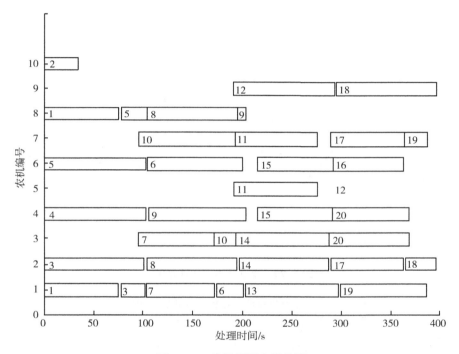

图 5-23　收割机调度甘特图

图 5-23 为收割机调度甘特图，横坐标为处理时间，纵坐标为农机编号，图内条块表示每台农机在农田中的作业计划，包括作业订单编号、作业开始时间、作业结束时间。

图 5-24 为收割机作业转移路径图，农机合作社及农田位置由经纬度坐标表示。如图 5-24a 所示，O1 合作社内 M1 的作业转移路径为 1—3—7—6—13—19。所有订单均被服务，且满足模型约束，为算例的一个可行解。

为进一步说明算法的有效性，针对算例，运行 SA 算法和遗传算法各 20 次，以本节设计的初始解算法作为参照，对调度方案的各项可变成本指标进行对比，可得表 5-14。

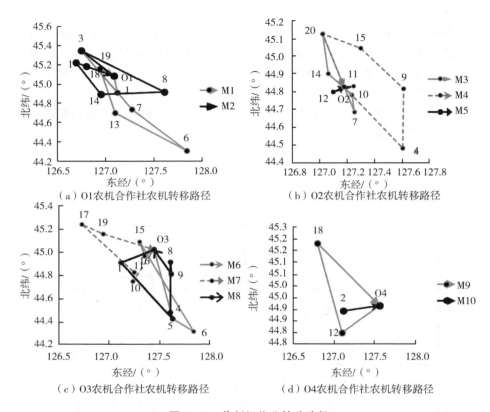

图 5-24 收割机作业转移路径

表 5-14 模拟退火算法和遗传算法调度结果的对比

成本指标	初始解算法	模拟退火算法	遗传算法
作业总收益/元	62 676.56	90 386.53	88 840.34
转移路程/km	1 541.93	2 292.63	2 315.69
等待时间成本/元	31 821.68	0.00	1 066.74
延误损失/元	26.60	1 134.96	1 522.19

注：表内各项成本指标值均为 20 次试验平均值。

由表 5-14 可知，SA 算法较初始解法算法作业总收益平均增加了 44.2%，较遗传算法增加了 1.7%，表明 SA 算法在提高机收作业总收益方面更具优势。同时，SA 算法的转移路程、等待时间成本和延误损失较遗传算法分别平均降低 1.0%、100.0% 和 25.4%。试验结果表明，基于 SA 算法的收割机作业调度模型可以满足时间窗的约束，且作业总收益最高，满足收割机作业调度的需求。

5.3.3.3　算法性能分析

（1）稳定性验证　算法的稳定性是算法性能的重要评价指标之一，体现了所求得的调度方案目标函数值的波动程度，目标函数值波动程度越小，函数的稳定性越好。

针对 5 个不同农田数量的案例，分别使用 SA 算法及遗传算法进行 10 次仿真，以作业总收益的平均值、方差及方差系数作为指标对算法的稳定性进行评价，结果见表 5-15。

表 5-15　算法稳定性试验结果

农田个数	模拟退火算法			遗传算法		
	平均值/元	方差/元	方差系数	平均值/元	方差/元	方差系数
4	17 518.72	0.000	0.000 0	16 596.37	1 791.437	0.107 9
8	34 467.18	113.578	0.003 3	34 020.14	874.969	0.025 7
12	52 749.31	149.117	0.002 8	51 392.85	2 520.814	0.049 0
16	69 955.02	289.890	0.004 1	68 217.63	3 771.110	0.055 3
20	90 648.01	218.123	0.002 4	87 940.64	4 605.097	0.052 4

通过表 5-15 可知，与文献［28］中所使用的遗传算法结果相比，SA 算法在各组算例中均能得到更高的总收益平均值以及更小的方差，同时各组算例所得到的作业总收益的方差系数也始终保持在 0.01 以下，且在较小范围内波动，无明显上升趋势。试验证明，所设计的 SA 算法具有良好的稳定性，针对不同算例均能得到质量较好的解，且波动较小。

（2）相关试验参数对算法的影响　选择合适的退火参数对提升算法性能具有重要意义，SA 算法中控制退火过程的两个主要参数为固定步长 L 及降温系数 r，在初始温度 T_0 以及最低温度 T_{min} 不变的情况下，选取不同的 L 值及 r 值分别对含 15 个农田的算例进行 10 次仿真，试验结果如表 5-16 所示。

由表 5-16 可知，在 10 次试验中，总体上运行时间随 r、L 的增加而增加，但所搜索到的最优解的质量基本不变；同时，随着 r、L 的增加，生成的调度方案的作业总收益平均值呈下降趋势，在 $L=100$、$r=0.95$ 时最小。

表 5-16　退火参数对试验结果的影响

农田个数	L	r	最优值/元	平均值/元	方差/元	平均运行时间/s
15	100	0.95	110 928.50	110 222.92	359.33	39.76
15	100	0.90	110 739.83	110 143.08	507.27	37.52

农田个数	L	r	最优值/元	平均值/元	方差/元	平均运行时间/s
15	100	0.85	110 709.81	110 056.36	548.78	26.51
15	50	0.95	110 756.26	110 008.45	557.27	17.71
15	50	0.90	110 917.42	109 898.61	461.68	17.52
15	50	0.85	110 543.65	109 810.98	513.44	16.49

在实际应用中，根据问题的规模及运用场合对试验参数进行合理选择，可有效提高算法性能。例如，本次试验中当 L 取 50、r 取 0.95 时，作业总收益平均值较试验中的最优值降低了 0.8%，但运算速度提升了 55.5%。

5.3.4 结论

本节以面向订单的多农机作业协同调度模式为研究对象，对收割机作业调度中所产生的各项成本进行分析，以机收作业总收益为优化目标，建立了收割机作业调度模型。该模型有效整合了转移成本、等待时间成本、延误作业损失成本信息，提高了农机作业调度模型的准确性。

通过分析对比现有车辆调度算法的优缺点，结合收割机作业调度的特点，将优先级规则与 SA 算法相结合，提出了基于 SA 算法的启发式收割机作业调度算法。

通过 Matlab 软件进行了算例仿真与相关试验分析，所提出的收割机作业调度算法在增加机收作业总收益方面更有优势，生成的调度方案更能满足实际农业生产中的时间窗要求。此外，本节所设计的算法具有更好的稳定性，解的质量波动较小，通过合理设置参数可在解的质量下降不大的情况下获得较快的计算速度。

本节所使用的单位时间等待成本及农田单位时间延误成本均为无突发情况下的固定值，当遇到突发状况如恶劣天气时，农田的延误作业损失会增加。此外，需要针对不同作物的收获需求，研究农田适时性损失与收获时间窗之间的关系。

5.4 运粮车调度

本节以任务单元作为收割机作业的界限，分析适度规模场景下的收运响应作业模式，运用动态规划思想去解决静态规划问题，以期为运粮车科学调度提供优化方案与决策依据，提高运输装备的利用效率。

5.4.1 运粮车与收割机响应模型建立

5.4.1.1 任务单元

将包含收割机的农作物收获区域定义为任务单元，单台收割机在一定规模的任务单元内独立完成收获作业。任务单元彼此间相互独立，为同一主体所有。同一主体是指经营农田的种粮大户或者家庭农场，为了方便收获安排，将该主体经营的所有土地划分为若干任务单元。同一主体能够满足运粮车进行往复循环使用的要求，承担多个任务单元的粮食载运。任务单元作为收获任务的分解，可以是零散分布的农田，也可以是大面积农田的某个划分区域。

运粮车的响应对象是收割机，而收割机的纯收割时间及运粮车响应次数又与农田产量息息相关，为了简化收运响应机制，减少多种对象的复杂约束，将收割机与农田区域逐一对应，即以任务单元作为收割机作业的界限，1 个任务单元只由 1 台收割机进行作业。经过实际调研，江苏省农业规模以 3.33 ~ 13.33 hm²（50 ~ 200 亩）的家庭农场和种粮大户为主体，80% 的单田面积为 0.33 ~ 1.00 hm²，因此选取适度规模经营 0.33~1.00 hm²为任务单元面积。

5.4.1.2 响应模式

收割机与运粮车响应调度描述为：农机服务组织为同一经营主体所有的任务单元服务，如何实现较少运粮车匹配收割机从而完成收获、运输任务的调度规划问题。

选取当前时刻收割机在任务单元中的作业状态（收割作业状态、收割完成状态、等待卸粮状态），进行模型建立和求解。由于任务单元面积较小，运粮车在单元内抵达响应位置所行驶的路径要远小于运粮车在单元外的转移路径，故忽略收割机和运粮车在单元内的行走。若同时考虑收割机、运粮车两者的路径规划，模式动态且复杂，同时需要大量实时性数据，故忽略收割机路径规划，简化收割机与运粮车的响应复杂程度，实现运粮车整体的调度规划。

基于收割机已知收割效率、收割周期等作业参数信息对收割机进行新状态的判断和预测，利用传感器等实时性传输设备的反馈和纠正获取收割机已收割量、作业时间等实时性信息。每个任务单元对应 1 台收割机，粮食满仓后，进行完全卸粮，完成响应后再进行下一轮作业。所有运粮车先前往最近的任务单元进行响应，响应结束后再抵达下个任务单元，最大化减少收割机非生产性作业时间（收割机未收割情况下在田间的等待时间）。每个任务单元可以有多个运粮车同时到达，以保证收割机收满后进行完全卸粮作业。

基于任务单元的收运响应调度模式，对模型做出如下假设：所有任务单元的机械设备作业参数相同，且作业过程中无故障发生；收割机连续作业至满仓，完全卸粮后再进行下次作业；运粮车达到满载，才能返回卸粮站，再进行下次分配；运粮车运输抵达同一终点位置；忽略运粮车和收割机折旧费用、人工费用等生产性成本。

5.4.1.3　参数及变量说明

任务单元用集合 $U = \{V_i, a_i\}$ 表示，其中，$V_i = \{V_1, V_2, \cdots, V_m\}$、$a_i = \{a_1, a_2, \cdots, a_m\}$，分别表示任务单元位置、任务单元面积；$i = \{1, 2, \cdots, m\}$，为任务单元编号；$m$ 为任务单元数量。

收割机与运粮车分别用集合 $H_i = \{H_1, H_2, \cdots, H_m\}$ 和 $T_j = \{T_1, T_2, \cdots, T_n\}$ 表示。其中，$i = \{1, 2, \cdots, m\}$，为任务单元编号；n 为运粮车数量；$j = \{1, 2, \cdots, n\}$，为运粮车编号；C_H 表示收割机容量；C_T 表示运粮车容量。

定义集合 $P = \{V_p, d_{gh}\}$，表示路网中各路径节点路径信息。其中，运粮车分配节点的位置 $V_p = V_0 \cup V_i$，V_0 表示卸粮站和 V_i 任务单元位置；d_{gh} 表示 g 节点到 h 节点的距离，$g \in V_p$，$h \in V_p$。

定义集合 $K = \{K_1, K_2, \cdots, K_i\}$，表示时间槽数目，$K_i$ 为 i 单元时间槽数目；定义 k 为时间槽序号，表示该任务单元第 k 个时间槽（或第 k 次卸粮），$k = \{1, 2, \cdots, K_i\}$；定义 $L = \{L_1^k, L_2^k, \cdots, L_i^k\}$，为时间槽长度集合，$L_i^k$ 表示 i 任务单元第 k 个时间槽总长度，L_1^k 表示 k 时间槽内收割机收割作业时间，L_2^k 表示 k 时间槽内运粮车卸粮响应时间；定义 $Q = \{R_i^k, r_i^k, t_{gh}\}$，为时间集合，其中，$R_i^k$ 表示运粮车实际响应时间长度，r_i^k 表示 i 任务单元在收割机满仓开始到空仓结束状态的时间长度，t_{gh} 表示 g 节点到 h 节点的运粮车转移时间。

定义集合 $M = \{p_{j(g,h)}, x_{ij}^k\}$，为相关标志位符号。其中，$p_{j(g,h)}$ 表示路径转移标志位，若 j 运粮车经过 g 节点到达 h 节点则为 1，否则为 0；x_{ij}^k 表示作业标志位，若 j 运粮车在 i 单元的 k 时间槽进行卸粮作业则为 1，否则为 0。

5.4.1.4　时间槽定义

基于每个任务单元的整体起止时间，进行时间槽划分。时间槽是指单个任务单元收割作业周期，该周期包含收割机满仓前的收割状态和满仓后的卸粮响应状态，是两个状态时间段的总合。划分依据是任务单元中收割机的作业周期，数目与收割机的收割总次数 K_i 相同，计算公式为：

$$K_i = \left\lceil \frac{\lambda a_i}{C_H} \right\rceil \tag{5-50}$$

式中，a_i——i 任务单元的收获面积；

　　λ——作物面积转化为产量的单位系数；

　　C_H——收割机容量；

λa_i——该任务单元总产量。

i 任务单元含有 K_i 个时间槽表示该任务单元必须被收割 $\lambda a_i / C_H$（向上取

整）次，才能完全收获完毕。任务单元最后一次收割时需完全卸粮，保证离开该任务单元的收割机粮仓处于全空状态，能够满足任务单元作业结束后自由转移的需要。

k 时间槽内收割机收割作业时间 L_1^k、运粮车卸粮响应时间 L_2^k 及时间槽总长度 L_i^k 计算公式如下：

$$\begin{cases} L_1^k = t_{b,i}^k - t_{a,i}^k \\ L_2^k = t_{d,i}^k - t_{b,i}^k \\ L_i^k = L_1^k + L_2^k \end{cases} \quad (5-51)$$

式中，$t_{a,i}^k$、$t_{b,i}^k$、$t_{d,i}^k$ ——收割机的开始收割时间、满仓时间、卸粮结束时间；

例如，将某个任务单元的整体时间划分为 k 个时间槽，运粮车与收割机可能发生的几种响应时间状态情景如图 5-25 所示。

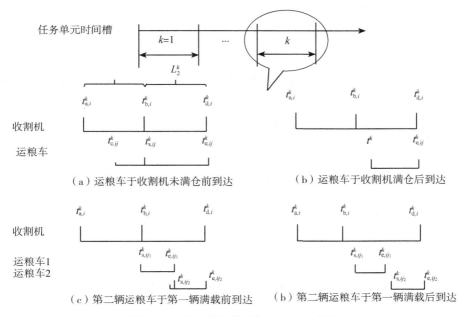

图 5-25 运粮车与收割机响应时间状态

注：$t_{a,i}^k$、$t_{b,i}^k$、$t_{d,i}^k$ 分别表示收割机的开始收割时间、满仓时间、卸粮结束时间；$t_{c,ij}^k$、$t_{s,ij}^k$、$t_{e,ij}^k$ 分别表示运粮车到达时间、开始时间、结束时间；L_1^k 为收割机收割作业时间，L_2^k 为运粮车卸粮响应时间；k、i、j 分别为时间槽、收割机、运粮车序号。

运粮车若能够提前到达（图 5-25a、c），则不产生收割机的等待时间，否则将产生收割机等待时间（图 5-25b、d）。i 任务单元在收割机满仓开始到空仓结束状态下的全部时间用 r_i^k 表示，运粮车实际响应时间用 R_j^k 表示，计算公式如下：

$$\begin{cases} r_i^k = \max\langle x_{ij}^k \cdot t_{e,ij}^k \rangle - t_{b,i}^k, \quad \forall j \in T_j, \ k \in K_i \\ R_j^k = \sum_{j=1}^n (t_{e,ij}^k - t_{s,ij}^k) \cdot x_{ij}^k, \quad \forall i \in m_i, \ k \in K_i \end{cases} \tag{5-52}$$

式中，$(t_{e,ij}^k - t_{s,ij}^k)$——$j$ 运粮车在 i 任务单元第 k 时间槽的实际响应时间。

由于各个任务单元总产量（λa_i）已知却不固定，因此收割机收割次数（K_i）不同；运粮车到达时间不固定，因此实际收运响应时间（L_2^k）也不同。不同任务单元时间槽之间相互独立，长度不同；同一个任务单元所划分的若干时间槽长度也可能不相同，并且会随着收运响应时间的改变而发生变化。而收运响应时间随着运粮车载量、数量以及转移距离等发生变化，同一辆运粮车经过的任务单元也不尽相同，因此基于任务单元的收运响应调度是一个动态问题。本研究将每个任务单元这种时间槽数目（K_i）已知、槽长度（L_2^k）发生改变的划分方法称为动态时间槽算法。

5.4.2 响应模型建立

5.4.2.1 主要目标

基于任务单元的响应模式及相关影响因素分析，收运响应调度的非生产性作业总成本包含收割机等待时间成本、运粮车转移距离成本两部分。因此将模型目标分为两种具体目标，分别为收割机非生产性作业时间（等待时间）成本最小化和运粮车转移距离成本最小化。

（1）收割机非生产性作业时间成本最小化 收割机非生产性作业时间成本等于等待时间和单位时间成本的乘积。模型目标数学表达式为：

$$f_1 = \min\left\{ c_1 \times \sum_{i=1}^m \sum_{k=1}^{K_i} (r_i^k - R_j^k) \right\} \tag{5-53}$$

式中，f_1——收割机非生产性作业时间成本最小值；

c_1——收割机单位等待时间成本；

$(r_i^k - R_j^k)$——i 任务单元收割机在第 k 次卸粮时间段内的等待时间。

（2）运粮车转移距离成本最小化 转移成本等于所有运粮车转移总距离和单位距离成本的乘积。模型目标数学表达式为：

$$f_2 = \min\left\{ c_2 \times \sum_{i=1}^m \sum_{g,h \in V_p} p_{i(g,h)} d_{gh} \right\} \tag{5-54}$$

式中，f_2——运粮车转移成本最小值；

c_2——运粮车单位距离成本。

5.4.2.2 主要约束条件

对运收响应调度过程进行分析，工作量约束条件如下：

$$\begin{cases} a_i = \sum_{k=1}^{K_i} (t_{b,i}^k - t_{a,i}^k) \cdot W, \quad \forall i \in m_i \\ \lambda a_i = \sum_{k=1}^{K_i} \sum_{j=1}^{n} (t_{e,ij}^k - t_{s,ij}^k) \cdot x_{ij}^k \cdot w, \quad \forall i \in m_i \\ \sum_{j=1}^{n} (t_{e,ij}^k - t_{s,ij}^k) \cdot x_{ij}^k \cdot w = (t_{b,i}^k - t_{a,i}^k) \cdot W, \quad \forall i \in m_i, \ k \in K_i \end{cases} \tag{5-55}$$

式中，W、w——收割机的收割效率和卸粮速率；

$(t_{b,i}^k - t_{a,i}^k)$——i 任务单元收割机第 k 次实际收割作业时间。

第一式表示 i 任务单元的总收割面积与订单面积 a_i 一致，等于总收割作业时间和收割效率的乘积；第二式表示 i 任务单元所有卸粮时段内所分配的运粮车总卸粮量与收获粮食总量 λa_i 保持一致；第三式表示第 k 次卸粮时，收割机总卸粮量等于同时段的有效运粮车接收的总粮食量。

时间状态约束条件为：

$$t_{e,ij_1}^k \leqslant t_{e,ij_2}^k, \quad \forall i \in m_i, \ j \in T_j, \ k \in K_i \tag{5-56}$$

式（5-56）表示在所有任务单元的卸粮时间槽内，分配的不同运粮车的实际响应时间段不能重叠，必须按顺序依次参与响应。例如，有 2 辆运粮车到访同一任务单元，后一辆必须在前一辆运粮车响应完成后再进行卸粮作业。

5.4.3　运粮车与收割机响应模型解算

5.4.3.1　解算基本原理

首先考虑时间约束，在时间约束下完成有限次的调度决策。在作业期间内，将单个任务单元的整体起始时间切割成有限时间槽，每个时间槽根据当前状态完成 1 次调度决策。所有任务单元并行计算，最终完成所有单元的调度安排，获得完整的运粮车调度方案。

按照时间顺序依次完成各个时间槽的决策，最终完成整体解算，从而顺利解决时间和工作量约束的问题。每个时间槽在单独决策时，事先确定目标之间的相对重要程度，以此为依据将重要目标进行优先决策，次要目标随后决策，即多目标问题转化为 2 个单目标问题进行顺序求解。将收割机非生产性作业总成本最小化为首要目标的动态时间槽算法记为 A，将运粮车转移距离成本最小化为首要目标的动态时间槽算法记为 B。

5.4.3.2　算法构建

动态时间槽算法 A 将运粮车运输距离和收割机等待时间同时作为优化目标，决策中收割机等待时间处于更高优先级，具体分为针对单个任务单元的决策算法 A_1 和并行计算多个任务单元的算法 A_2。

（1）算法 A_1　该算法主要包括如下步骤。

步骤 1：所有任务单元同时开始计算，每次迭代需更新时间集合 T。每个任务单元都从第一个时间槽开始计算（$k=1$）。

步骤 2：判断运粮车状态。将所有运粮车划分为等待分配和已分配状态。只有等待分配的运粮车才能参与各个任务单元的匹配。

步骤 3：判断收割机状态。若该任务单元第 k 个时间槽下收割机处于卸粮未完成状态，直接执行算法 A_2；若收割机对应收割状态，进入步骤 4。

步骤 4：优化分配。计算当前任务单元第 k 个时间槽剩余的收割作业时间，计算所有未分配运粮车到该任务单元的距离。执行算法 A_2。

步骤 5：按照算法 A_2 指定结果分配。若未能分配，则转入步骤 3。

步骤 6：判断该任务单元作业是否全部完成（$k \geqslant K_i$）。若未完成，令 k 增加 1 后转入步骤 1，再次循环。若完成，记录并结束该任务单元。

步骤 7：若所有任务单元都被记录，结束算法 A_1。

（2）算法 A_2　该算法主要包括如下步骤。

步骤 1：优先按时间分配。汇总当前所有单元收割机剩余收割时间，按照从小到大的顺序依次分配即将结束收割的任务单元。

步骤 2：寻找运粮车。计算所有单元当前第 k 个时间槽需要的卸粮量，并与所有运粮车剩余载量比较，找出满足条件的运粮车。

步骤 3：再次按距离分配。对步骤 2 满足载量条件的运粮车，取距离该任务单元位置最近的 1 个运粮车，直接执行步骤 5。

步骤 4：组合判断。步骤 2 中若无满足载量条件的运粮车，则将未参与的运粮车多个组合，直到满足；若全部不满足，则所有运粮车共同派往，并将该任务单元标记为分配优先级最高。

步骤 5：结束算法 A_2，输出分配结果。

此外，在算法 A 的基础上还提出算法 B，将运粮车转移距离和收割机等待时间同时作为优化目标，决策中运粮车转移距离处于更高优先级。将算法 A_2 中步骤 1、步骤 3 的优先分配规则互换，即可得算法 B。

5.4.3.3　运算分析

国家统计局 2018 年主要农作物产量数据显示，江苏省盐城市小麦每公顷产粮 5.827 t，即 $\lambda = 5.827$ t/hm²。根据江苏省常用品牌的收割机和运粮车参数，收割机粮仓容积 1.05~4.80 m³，选用雷沃谷神 GE80（4LZ-8E2）轮式谷物联合收割机，粮仓容积 2.0 m³，容量 1.6 t，即 $C_H = 1.6$，收割效率 0.533 hm²/h，数量为 6 辆。运粮车一般为拖拉机自带 5~7 t 容量的拖斗，故取值 5 t，即 $C_T = 5$，转移速率 30 km/h，数量为 4 辆。设置收割机单位等待时间成本为 70 元/h，即 $c_1 =$

70；运粮车单位转移成本为 4 元/h，即 $c_2 = 4$；响应卸粮速率为 38 t/h。本次选取盐城市大有县 6 个农田作业点实际数据进行模拟，具体信息见表 5-17。

表 5-17 任务单元实际作业信息与时间槽数目

任务单元编号	实际作业数据				时间槽数目
	东经/（°）	北纬/（°）	作业面积/hm²	总产量/t	
1	120.647	33.173	0.938	5.475	4
2	120.652	33.176	1.260	7.352	5
3	120.654	33.171	0.700	4.085	3
4	120.657	33.176	1.141	6.656	5
5	120.651	33.170	0.913	5.329	4
6	120.654	33.178	1.185	6.916	5

注：经度、纬度指在地理坐标系统下任务单元中心的实际位置。

5.4.4 目标优化结果

5.4.4.1 实际算例方案

利用算法 A 与算法 B 分别计算盐城市大有县 6 个农田作业点的实际算例，得到 2 种不同结果的优化调度方案。方案呈现的收割机等待时间、运粮车转移距离及非生产性作业成本等目标优化结果见表 5-18。

表 5-18 算法 A、算法 B 对实际算例的目标优化结果

算法	收割机等待时间/h	转移距离/km	非生产性作业总成本/元
A	0.94	18.43	139.6
B	1.11	17.29	146.8

由算法 A 得到的方案在收割机等待时间上较少，由算法 B 得到的方案在运粮车转移距离上较短，优化结果符合不同策略算法 A、算法 B 的预期。基于多目标动态分割求解算法 A 产生的方案中非生产性作业总成本较低，对该调度模型求解结果较好。因此选择算法 A 作为该实例的求解算法，获得优化方案的调度响应甘特图（图 5-26）与运粮车到访任务单元的最佳路径顺序（表 5-19）。

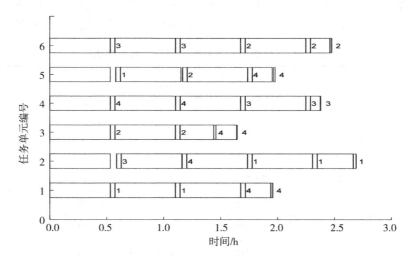

图 5-26　任务单元调度响应甘特图

注：加粗双线为收割机与运粮车实际卸粮响应时间，右侧数值表示到访的运粮车编号。

表 5-19　运粮车最佳路径顺序

运粮车编号	最佳路径顺序
1	①→⑤→①→③→②→0
2	③→⑤→③→⑥→0
3	⑥→②→⑥→③→④→0
4	④→②→③→①→⑤→①→⑤→0

注：①~⑥为任务单元编号；0为终点卸粮位置。

5.4.4.2　仿真算例运算分析

为比较不同优先决策顺序的算法 A、算法 B 的性能差异，随机生成 8 组仿真算例，对非生产性作业总成本、运粮车转移距离和收割机等待时间进行对比分析。每组算例包含 6 个任务单元，每个任务单元面积范围为 0.33~1.00 hm²，单元间节点距离为 0.3~2.0 km。利用算法 A、算法 B 计算每组算例得到的目标优化结果见表 5-20。由表 5-20 可见，算法 A 求解的目标优化结果中非生产性作业总成本比算法 B 低 2.29%~17.12%，收割机等待时间比算法 B 低 9.79%~37.16%；算法 A、算法 B 中运粮车转移距离值的差异范围在 10% 以内。算法 B 求解的某些转移距离大于算法 A 的原因：算法 B 优先考虑运粮车转移距离，使运粮车集中于较近任务单元，最后完成距离较远单元任务时，容量已无法满足卸粮需要，需多辆运粮车共同前往，导致运粮车转移总距离反而增加。因此，决策

— 136 —

优先考虑等待时间的算法 A 总体上优于优先考虑转移距离的算法 B。

表 5-20　算法 A、算法 B 对仿真算例的目标优化结果

算例编号	非生产性作业总成本			运粮车转移距离			收割机等待时间		
	算法 A 目标值/元	算法 B 目标值/元	优化结果对比值/%	算法 A 目标值/km	算法 B 目标值/km	优化结果对比值/%	算法 A 目标值/h	算法 B 目标值/h	优化结果对比值/%
1	68.57	76.29	10.12	12.42	11.56	-7.46	0.27	0.43	37.16
2	55.02	66.38	17.12	8.97	9.43	4.89	0.27	0.41	33.23
3	64.10	70.40	8.96	12.53	12.10	-3.60	0.20	0.32	36.55
4	62.08	72.48	14.35	10.85	11.46	5.33	0.27	0.38	29.86
5	39.31	40.23	2.29	8.12	8.12	0.00	0.97	1.10	11.93
6	71.76	78.68	8.79	13.32	12.36	-7.83	0.26	0.42	36.87
7	688.85	703.14	2.03	13.93	13.93	0.00	1.88	2.09	9.79
8	409.40	420.57	2.66	8.13	8.13	0.00	1.20	1.36	11.70

注：优化结果对比值为算法 A、算法 B 目标值之差占算法 B 目标值的百分比。

5.4.4.3　影响因素分析

以算法 A 为运粮车和收割机响应调度模型的优化算法，进行影响因素仿真试验。

除任务单元和运粮车数量外，响应调度模型还包括收割效率、卸粮速率以及收割机粮仓容量和运粮车载量等作业参数。收割机卸粮较快，卸粮时间相对于收割作业周期可以忽略；收割机粮仓容积与收割效率均通过影响收割机收割作业周期而影响优化结果，作用效果相似。因此，选择收割机、运粮车数量配比以及收割效率作业参数，探究其对模型性能的影响。

5.4.4.4　运粮车与收割机数量配比的影响

固定 6 台收割机（任务单元），选择运粮车数量为 1~6 辆［收运数量配比为（1:1）~（6:1）］。对每组任务单元算例（随机生成 6 个任务单元数据，任务单元面积为 0.33~1.00 hm²，单元间节点距离为 0.3~2.0 km）进行求解，运行结果见图 5-27。

由图 5-27 可知，在收割机数量固定且多于运粮车的情况下，随着运粮车数量不断增加，收割机平均非生产性作业总成本、平均等待时间以及单辆运粮车的平均转移路程均不断下降，总成本、总等待时间都随着运粮车增加而不断下降。当运粮车数量为 4~6 辆［收运数量配比为（1:1）~（2:1）］时，每台收割机非生产性平均等待时间均在 0.05 h 以内，优化效果良好（图 5-27b）。在固定 6 个任务单元情况下，服务组织配置 6 辆运粮车与配置 1 辆运粮车相比，非生产

— 137 —

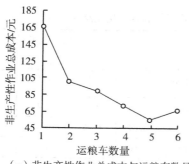

（a）非生产性作业总成本与运粮车数量

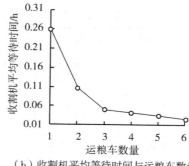

（b）收割机平均等待时间与运粮车数量

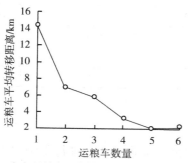

（c）运粮车平均转移距离与运粮车数量

图5-27　运粮车数量变化对目标优化结果的影响

性作业时间成本、平均等待时间和转移距离减少较为显著，增益较大。服务组织配置6辆运粮车与配置4辆运粮车相比，减少的平均等待时间与转移距离幅度不明显，运粮车数量增加对非生产性作业时间成本的降低不明显，但增大了对运输设备资源的占用，即收运数量相近时提高运粮车数量带来的增益减小。

　　因此，在实际情况下，服务组织选择4辆运粮车能取得较好的优化结果，并节约运粮车数量。尤其是对比当前大型农场运粮车冗余配置的情况，本研究结果对节约运粮车资源具有一定的指导意义。

　　同时，在固定运粮车4辆，任务单元（或收割机）数量变化（4~20）的情况下，可得到如下结论：当运粮车数量固定且少于收割机，随着收割机数量的增加，平均非生产性作业总时间成本和平均等待时间呈上升趋势，总路程、等待时间和非生产性作业总成本也随之增加，趋势明显。这表明当运粮车数量不足时，盲目增加收割机数量，会导致单辆收割机的平均等待时间、非生产性作业总成本和运粮车平均转移距离增加，且收割机数量越多，各指标增加趋势越显著。

5.4.4.5　收割效率对模型的影响

本研究模型以收割机等待时间、运粮车转移距离为目标。为证明该目标模型的有效性，设计一种常见的单目标（仅考虑最优等待时间）模型，产生方案与多目标模型方案优化结果进行对比。选择的收割效率为 0.133~0.800 hm²/h，固定其他参数，探究收运数量配比为 3∶2（收割机 6 辆、运粮车 4 辆）条件下收割效率对两种调度模型的影响，结果见图 5-28。

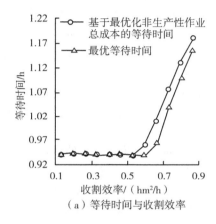

（a）等待时间与收割效率

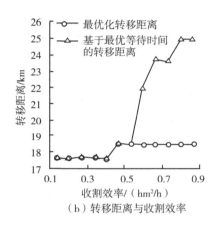

（b）转移距离与收割效率

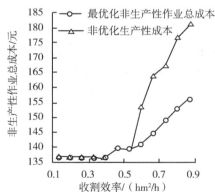

（c）非生产性作业总成本与收割效率

图 5-28　不同模型收割效率变化对目标优化结果的影响

由图 5-28 可知，当收割效率小于 0.53 hm²/h，两种模式下数据重合，即方案规划相同，等待时间、转移路径相同。当收割效率大于 0.53 hm²/h，两种模式呈现差异：同时考虑等待时间与转移距离的多目标模型产生方案中，随着收割效率的增加，运粮车转移路径不再变化（图 5-28b）；单目标传统模型产生方案中，等待时间、转移距离、非生产性作业总成本均随收割效率的增加而增大。可以判断，多目标模型在收割效率大于 0.53 hm^2/h 时优于传统单目标模型，本研究所建立的多目标模型的有效性得以证实。

当收割效率小于 0.53 hm^2/h 时，等待时间最短和转移路程最小（图 5-28a、b）；当收割效率小于 0.40 hm^2/h，两种模式下收割机等待时间与运粮车转移距离均可以达到最优（图 5-28c），使得非生产性作业总成本最低。当收割效率超过 0.53 hm^2/h，最优等待时间逐渐增加，原因是随着收割效率的增加，收割作业完成较快，留给运粮车自由支配的转移时间相对减少，使收割机总体上等待时间增加。运粮车总转移距离在收割效率为 0.40 hm^2/h 时开始增加，在收割效率达到 0.53 hm^2/h 以后，最优转移距离保持不变，原因是虽然收割效率增加，但模型受运粮车数量制约，为降低收割机少量等待时间而造成运粮车转移距离显著增大，不符合最优非生产性作业总成本最小的要求，即当收割效率超过 0.53 hm^2/h 时，非生产性作业总成本最优结果取决于转移距离是否最优，而不再是等待时间。

在实际收获作业中，将收割效率控制在 0.53 hm^2/h 以内，可使该配置下的收运响应效率最高，此范围内收割机等待时间最短，运粮车转移距离产生的影响最小。若考虑完工时间，选择 0.53 hm^2/h 的收割效率，能达到较佳作业状态；若不考虑完工时间，选择 0.40 hm^2/h 的收割效率，可达到最优作业状态。

5.4.5 讨论及结论

实际收获作业过程中收割机与运粮车响应方式较多。模式一：在收运响应过程中，收割机先装满粮仓，再完全卸出所收粮食。模式二：在收运响应过程中，收割机装满粮仓，随后不用全部卸出，携带部分粮食进行下次作业。模式三：在收运响应过程中，收割机不用装满粮仓，但必须完全卸出所收粮食。模式四：在收运响应过程中，收割机不必装满粮仓，随后也不必完全卸出所收粮食。模式二适合于运粮车较少的场景；模式三适用于运粮车量冗余的场景；模式四中收割机能够自由根据运粮车剩余容量收割或卸载粮食，在运粮车抵达时直接卸粮，无论剩余与否直接返回作业，使运粮车和收割机减少等待时间、运粮车载量充分，达到了收割机与运粮车的最佳状态。但是实现这种复杂的动态响应，全靠人工经验，难度较大，目前没有合适的模型和算法进行实现。这 3 种模式的共同点是收割机可以自由根据实际约束改变每次作业的收割量，在已知产量的作业区域中收割次数动态变化，增大了模型构建和解算难度。相比之下模式一更适合于规模数量稍大的收获任务，在 1 个任务单元内收割机收割次数固定，为模型和算法构建提供了便利，同时也比较符合实际生产场景。因此，以模式一构建收运响应模型，定义任务单元，根据任务单元产量获得收割次数，并根据收割频率划分时间槽，设计算法进行求解。

　　本研究提出基于任务单元的多目标规划模型，共同考虑收割机田间等待时间及运粮车转移距离成本最小的目标，以动态规划的思想划分时间槽，根据目标不同优先级顺序设计了算法 A 和算法 B，选择非生产性作业总成本、运粮车转移路程和收割机等待时间等目标优化结果进行对比发现，优先考虑等待时间的算法 A 在非生产性作业总成本和等待时间等方面，均优于优先考虑运粮车转移距离的调度算法 B，因此采用算法 A 作为该调度模型的求解算法。该算法为解决运粮车不足和提高资源配置效率提供了一种解决方案。同时，具体探究了在特定条件下（收运容量比为 1.6∶5，收运数量配比为 3∶2，收割效率为 0.53 hm²/h）收割机与运粮车响应调度，获得该场景下任务单元响应甘特图与运粮车最佳路径顺序。

　　在运粮车资源不足的情况下，当运粮车数量与收割机数量相差显著时，运粮车转移距离和收割机等待时间显著增加。当两者数量相近时，运粮车数量变化产生的总成本基本不变，增益减小；与配置 6 辆运粮车相比，服务组织配置 4 辆运粮车也能取得较好的响应结果，同时节约运粮车设备资源。进一步研究发现，在收运数量配比为 3∶2 的情况下，应保持收割效率为 0.4 hm²/h，获得该配置下最优响应作业效率，使等待时间最短、转移距离最小、非生产性作业总成本最低。对于其他条件下的收割机和运粮车，若提供收运的容量以及数量配比等参数，也能得出对应条件下的具体结论，获得最优响应方案和作业效率。因此，该模型和算法能够为解决运粮车不足问题提供一定的指导意义。

　　本研究模型创新之处在于引入了收运响应的机制，更符合田间实际作业情况。但由于运粮车到达时间、载量的不断变化，设计算法在处理更大规模数据时无法收敛，适用算法需进一步研究；同时，模型仅考虑运粮车，未涉及收割机精确调度规划，针对收割机与运粮车的两级调度研究和增加对任务单元改变的动态规划研究是未来智能农机调度领域的重要研究方向。

第六章　调度系统开发

农机调度是提高农业生产效率的有效途径，是农忙时节保产增收的重要手段。传统的农业机械作业调度模式下，农户与农机手通过电话联系，响应速度相对滞后，在作物收获的关键时节不能保证农时，易造成供需不平衡。针对农忙时节农机资源分配难以协调、农机运行进程难以度量等问题，运用物联网技术，建立基于安卓（Android）手机的农机智能与调控平台"滴滴农机"，实现农民、农机手[①]、合作社三端信息交互，本章对"滴滴农机"平台系统功能进行分析。

6.1　系统的业务流程

本系统基于手机 App 搭建，包括 3 个客户端，分别是农户客户端、农机手客户端、合作社客户端，地块及农机作业的定位信息通过调用百度 API 搭建该 App 的 GIS 获取，农户从移动终端发布包含农田位置、作业面积、农机需求类型等在内的生产订单信息，合作社收集农户需求信息，通过农机调度决策模型的计算，制订作业计划，将农户的需求信息与农机手进行合理的调度，实现农户、农机手、合作社对农机农田的数据共享及调度管理，其整体架构见图 6-1。

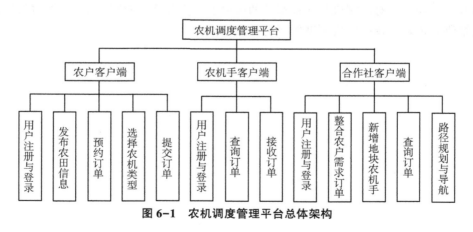

图 6-1　农机调度管理平台总体架构

---

① 本章司机与农机手是等同的，因部分是系统截图，故没有统一。

6.2　农户操作界面详解

6.2.1　用户注册

用户通过输入手机号，进行新用户注册。可根据自己的身份选择不同的用户类型，用户类型分为合作社、农户、农机手。注册界面如图6-2所示。

6.2.2　地块管理

（1）使用农户权限的用户账号登录，进入农户用户界面，左上角用户标识可查看农户菜单栏，菜单栏包括订单管理和地块管理，如图6-3所示。

（2）点击"地块管理"菜单，可进入我的地块页面，可查看我的地块，也可新增地块。

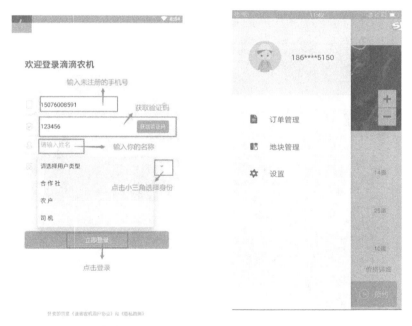

图6-2　用户注册界面　　　　　　　图6-3　菜单栏

（3）点击新增地块按钮，输入地块相关信息，绘制地块区域，点击"生成地块"按钮，即可新增地块，如图6-4所示。

图 6-4 农户新增地块

（4）当地块信息存在出入时，点击"地块反馈"按钮，会有专人联系处理，如图 6-5 所示。

图 6-5　错误地块反馈

（5）勾选地块，地图展示地块所在位置，点击阴影区域，弹窗显示地块的详细信息，如图 6-6 所示。

图 6-6　地块信息

6.2.3　订单发布

（1）农户在进行订单发布之前，可点击"价格详细"按钮查看各个农机的推荐单价，如图 6-7 所示。

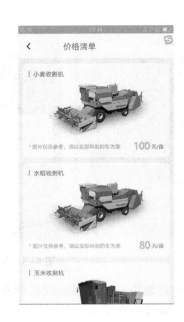

图 6-7 农机"推荐单价"

（2）任务发布有预约和立即发布两种方式。选择地块后，点击右下方黄色"预约"按钮，选择作业时间，可预约上门服务，系统自动匹配司机在指定时间前往作业，如图 6-8 所示。

图 6-8 任务预约

（3）任务发布。选择地块后，点击页面下方"立即发布"按钮，可直接发布任务，也可点击"价格详细"按钮查看各个农机的推荐单价，如图6-9所示。

图6-9 任务发布

6.2.4 订单管理

（1）点击"订单管理"按钮，进入全部订单列表页面，点击订单，可查看订单详情，如图6-10所示。

图6-10 订单查看

（2）订单详情页面，点击"联系司机"按钮，可拨打司机手机号进行联系。

点击"投诉"按钮，可对订单进行投诉，会有专人处理，如图 6-11 所示。

图 6-11　联系司机与投诉

（3）订单列表页面，点击已预约订单的"取消订单"按钮，即可取消订单，如图 6-12 所示。

图 6-12　订单取消

6.3　合作社操作界面详解

如图 6-13 所示，合作社用户除订单管理和地块管理之外，还有计划管理、农机管理、农机手管理、合作社资料等功能。其中订单管理和地块管理的操作步骤与农户端相同，详情请参照 6.2。

图 6-13　合作社用户菜单栏界面

6.3.1　计划管理

（1）点击"计划管理"菜单，进入计划列表页面，可查看当前合作社的所有任务计划。

（2）点击"生成计划"按钮，进入添加计划页面，输入相关信息，点击"生成计划"按钮，即可添加计划，如图 6-14 所示。

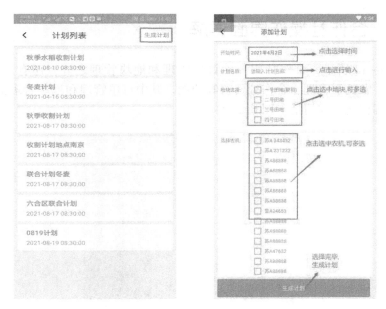

图 6-14　添加计划界面

（3）点击计划列表中的计划名称，进入计划详情页面，可查看参与该计划的农机信息。点击农机名称，进入作业路径页面，可查看本次任务点位与农机之间的路径和地块详情，如图 6-15 所示。

图 6-15　计划详情

6.3.2　农机管理

（1）点击"农机管理"菜单，进入我的农机页面，可查看当前合作社中的农机，如图 6-16 所示。

图 6-16　农机管理界面

（2）进入我的农机页面，点击"添加农机"按钮，进入添加农机页面。输入相关信息，点击"保存"按钮，即可添加农机。添加完成后，点击"农机名称"，进入编辑农机页面。修改相关信息，点击"保存"按钮，即可保存编辑后的农机信息，如图6-17所示。

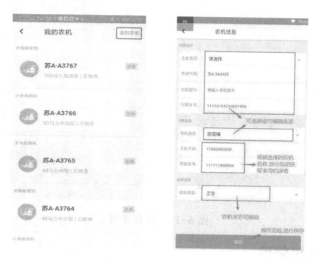

图6-17　添加农机

6.3.3　农机手管理

（1）点击"农机手管理"菜单，进入农机手列表页面，可查看当前合作社中的农机手，如图6-18所示。

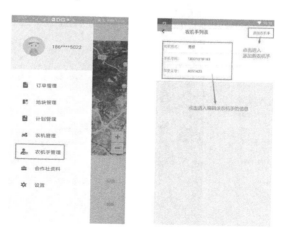

图6-18　农机手管理界面

（2）进入农机手列表页面，点击"添加农机手"按钮，进入添加农机手页面。输入相关信息，点击"保存"按钮，即可添加农机手，如图 6-19 所示。

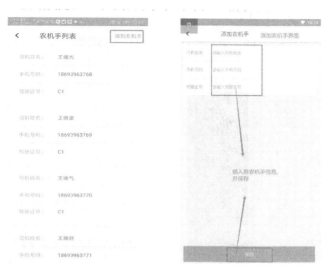

图 6-19　农机手信息添加

（3）进入农机手列表页面，点击农机手名称，进入编辑农机手页面。修改相关信息，点击"保存"按钮，即可保存编辑后的农机手信息，如图 6-20 所示。

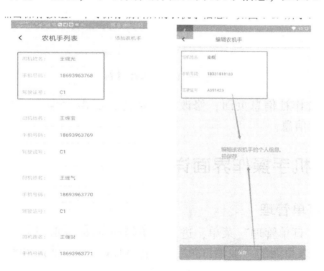

图 6-20　农机手信息修改

6.3.4 合作社资料

（1）点击"合作社资料"菜单，进入合作社信息页面，可查看当前合作社的相关信息，如图 6-21 所示。

图 6-21 合作社资料

（2）进入合作社信息页面，修改相关信息，点击"保存"按钮，即可保存编辑后的合作社信息。

6.4 农机手操作界面详解

6.4.1 订单管理

（1）点击"订单管理"菜单，进入订单管理页面，列表展示所有的订单。点击已预约订单列表页面的"取消订单"按钮，可取消该订单，如图 6-22 所示。

（2）点击已预约订单，进入订单详情页面，点击"开始收割"按钮，开始收割，订单变为收割中状态，如图 6-23 所示。

（3）点击收割中订单列表页面的"完成订单"按钮或详情页面的"完成收

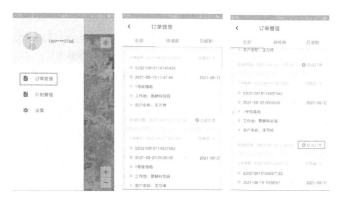

图 6-22 订单管理

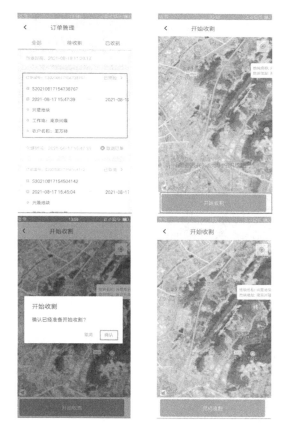

图 6-23 开始收割

割"按钮，结束服务，如图 6-24 所示。

图 6-24　收割完成

（4）点击已完成订单详情页面的"电话"按钮，可联系农户，如图 6-25 所示。

图 6-25　联系农户

6.4.2　计划管理

（1）点击"计划管理"菜单，可查看当前农机手的所有任务计划，点击计划名称可查看该任务使用的农机信息，如图 6-26 所示。

图 6-26　计划管理

（2）点击农机名称，可查看本次任务点位与农机之间的路径，点击小图标可查看地块详情，如图6-27所示。

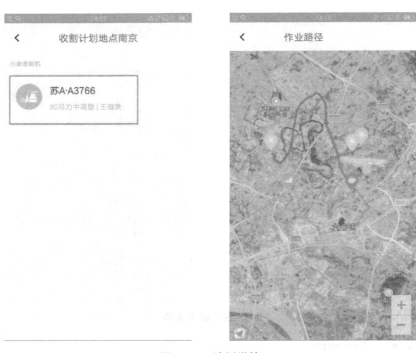

图6-27　计划详情

6.5　结论

本系统运用物联网技术、定位技术建立了一个农户、农机手、合作社三端交互的平台，针对农忙时节农机管理、农机作业监测不足的问题，将农户需求与农机资源相结合，通过合作社的调度决策解决了农机需求与服务不对称问题，实现了农机资源与农田资源的高效管理与利用。

随着农业机械化的快速发展，在未来的农业耕种收环节中，农机的应用规模和应用种类将大大增加，农机调度系统必定会有大规模的应用，农机调度系统整合了农户、农机手和合作社的最有效、最真实的供需关系数据，同时在农机作业过程中也能获取农机作业行为数据和农机工况数据，最终有利于提升农户、农机手和合作社的管理及工作效率，提升产能，让智慧农业向农业精细化、高效化方向发展。

参考文献

[1] 谢国胜，匡晓璐. 中国劳动力短缺的时代真的到来了吗？基于产业后备军理论的存量和流量分析 [J]. 经济学家，2018 (1)：12-19.

[2] 陈巧敏. 中国农业机械化年鉴 [M]. 北京：中国农业科技学技术出版社，2020.

[3] Iowa State University. FAOstat [Z]. https：//crops. extension. iastate. edu/faostat.

[4] 谭崇静，杨仕. 重庆地区农业机械化作业服务存在的问题及对策 [J]. 农业现代化研究，2012，33 (1)：78-81.

[5] 孔德刚，赵永超，刘立意，等. 大功率农机作业效率与机组合理运用模式的研究 [J]. 农业工程学报，2008，24 (8)：143-146.

[6] 吴才聪，蔡亚平，罗梦佳，等. 基于时间窗的农机资源时空调度模型 [J]. 农业机械学报，2013，44 (5)：237-241.

[7] 王雪阳，苑侗侗，苑迎春，等. 带时间窗的农机调度方法研究 [J]. 农业机械学报，2016，39 (6)：117-123.

[8] 尹达. 高技术农业机械的资源利用与科学配置方案 [J]. 农机使用与维修，2020 (6)：37.

[9] 张璠，滕桂法，马建斌，等. 基于启发式优先级规则的农机调配算法 [J]. 农业工程学报，2012，28 (10)：78-85.

[10] 赵鲲，刘磊. 关于完善农村土地承包经营制度发展农业适度规模经营的认识与思考 [J]. 中国农村经济，2016 (4)：12-16，69.

[11] 陈聪，曹光乔. 谷物联合收割机对山区耕地条件的适应性研究 [J]. 江苏农业科学，2013，41 (6)：367-368.

[12] 宫云涛. 提高农机经营效益的途径分析 [J]. 农业科技与装备，2012 (12)：66-67.

[13] 杨泽，郑立华，李民赞，等. 基于 R 树空间索引的植保无人机与植保作业匹配算法 [J]. 农业工程学报，2017，33 (增刊 1)：92-98.

[14] 徐博，陈立平，谭彧，等. 多架次作业植保无人机最小能耗航迹规划算法研究 [J]. 农业机械学报，2015，46 (11)：36-42.

[15] 张璠，滕桂法，苑迎春，等. 农机跨区作业紧急调配算法适宜性选择

[J]. 农业工程学报, 2018, 34 (5): 47-53.

[16] EDWARDS G, SORENSEN C, BOCHTIS D, et al. Optimised schedules for sequential agricultural operations using a Tabu Search method [J]. Computers & Electronics in Agriculture, 2015, 117: 102-113.

[17] THUANKAEWSING S, KHAMJAN S, PIEWTHONGNGAM K, et al. Harvest scheduling algorithm to equalize supplier benefits: a case study from the Thai sugar cane industry [J]. Computers & Electronics in Agriculture, 2015, 110: 42-55.

[18] HE P F, LI J, WANG X. Wheat harvest schedule model for agricultural machinery cooperatives considering fragmental farmlands [J]. Computers & Electronics in Agriculture, 2018, 145: 226-234.

[19] 马梅琼. 联合收割机跨区作业调度研究 [D]. 哈尔滨: 东北农业大学, 2017.

[20] ALINAGHIAN M, AGHAIE M, SABBAGH M S. A mathematical model for location of temporary relief centers and dynamic routing of aerial rescue vehicles [J]. Computers & Industrial Engineering, 2019, 131: 227-241.

[21] CAMPBELL A M, VANDENBUSSCHE D, HERMANN W. Routing for relief efforts [J]. Transportation Science, 2008, 42 (2): 127-145.

[22] SONG J M, CHEN W W, LEI L. Supply chain flexibility and operations optimisation under demand uncertainty: a case in disaster relief [J]. International Journal of Production Research, 2018, 56 (10): 3699-3713.

[23] BRUNI M E, BERALDI P, KHODAPARASTI S. A fast heuristic for routing in post-disaster humanitarian relief logistics [J]. Transportation Research Procedia, 2018, 30: 304-313.

[24] HU C L, LIU X, HUA Y K. A bi-objective robust model for emergency resource allocation under uncertainty [J]. International Journal of Production Research, 2016, 54 (24): 7421-7438.

[25] SAHEBJAMNIA N, TORABI S A, MANSOURI S A. A hybrid decision support system for managing humanitarian relief chains [J]. Decision Support Systems, 2017, 95: 12-26.

[26] ARORA H, RAGHU T S, VINZE A. Resource allocation for demand surge mitigation during disaster response [J]. Decision Support Systems, 2010, 50 (1): 304-315.

[27] HASANZADEH H, BASHIRI M. An efficient network for disaster man-

agement: model and solution [J]. Applied Mathematical Modelling, 2016, 40 (5-6): 3688-3702.

[28] LEE Y, FRIED J S, ALBERS H J, et al. Deploying initial attack resources for wildfire suppression: spatial coordination, budget constraints, and capacity constraints [J]. Canadian Journal of Forest Research, 2013, 43 (1): 56-65.

[29] ROLLAND E, PATTERSON R A, WARD K, et al. Decision support for disaster management [J]. Constraints, 2010, 3 (1): 68-79.

[30] HUANG M, SMILOWITZ K, BALCIK B. Models for relief routing: equity, efficiency and efficacy [J]. Procedia-Social and Behavioral Sciences, 2011, 17: 416-437.

[31] SHEU J B. An emergency logistics distribution approach for quick response to urgent relief demand in disasters [J]. Transportation Research Part E: Logistics and Transportation Review, 2007, 43 (6): 687-709.

[32] SHEU J B, CHANG M S. Stochastic optimal-control approach to automatic incident-responsive coordinated ramp control [J]. IEEE Transactions on Intelligent Transportation Systems, 2007, 8 (2): 359-367.

[33] YU H, LIU Y. Two-stage online distribution strategy of emergency material [J]. Systems Engineering Theory & Practice, 2011, 31 (3): 394-403.

[34] WEX F, SCHRYEN G, FEUERRIEGEL S, et al. Emergency response in natural disaster management: allocation and scheduling of rescue units [J]. European Journal of Operational Research, 2014, 235 (3): 697-708.

[35] 魏延富, 高焕文, 李洪文. 三种一年两熟地区小麦免耕播种机适应性试验与分析 [J]. 农业工程学报, 2005, 21 (1): 97-101.

[36] 陈传强, 李鹍鹏, 栾雪雁. 花生联合收获机械试验选型方法研究 [J]. 中国农机化学报, 2013, 34 (5): 55-59.

[37] 薛振彦. 马铃薯收获机型对比选型试验报告 [J]. 农机科技推广, 2011 (4): 54-55.

[38] 刘晓波, 宋娟. 播种机的合理选型 [J]. 农业科技与装备, 2010 (2): 62-64.

[39] WITNEY B. Choosing and Using Farm Machines [M]. New York: Longman Higher Education, 1988.

[40] DEWANGANA K N, OWARYA C, DATTAB R K. Anthropometry of

male agricultural workers of north-eastern India and its use in design of agricultural tools and equipment [J]. International Journal of Industrial Ergonomics, 2010, 40 (5): 560-573.

[41] ROBERTOES K, WIBOWOA, PEEYUSH S. Anthropometry and agricultural hand tool design for Javanese and Madurese farmers in east Java, Indonesia [J]. APCBEE Procedia, 2014, 8: 119-124.

[42] 陈聪, 曹光乔. 手扶插秧机梯田间转移力学分析 [J]. 江苏农业科学, 2013, 41 (3): 397-398.

[43] 王旭, 魏清勇. 黑龙江垦区拖拉机选型试验适应性分析 [J]. 拖拉机与农用运输车, 2000 (2): 22-25.

[44] 梁斌. 插秧机选型与使用中的注意事项 [J]. 农业机械, 2012 (2): 70-72.

[45] 夏晓东. 土壤-机器系统的系列畸变模型试验技术的研究 [J]. 农业机械学报, 1983 (4): 10-26.

[46] 黄海波. 土壤-机器系统模型试验函数理论的研究 [J]. 四川工业学院学报, 1984 (2): 65-70.

[47] 陆贵清, 冯伟丹, 江婷, 等. 长三角冬油菜机械化栽植分析与机具选型 [J]. 农业开发与装备, 2014 (4): 53-56.

[48] 杨国军, 王强. 丘陵地区水稻收获机械的选型 [J]. 农机化研究, 2008 (2): 238-240.

[49] 胡乂心. 家庭农场适度规模经营农机具配备方案 [J]. 现代农业科技, 2016 (15): 182, 185.

[50] 乔西铭. 基于价值工程下农业机械选型与配套方案的优化 [J]. 华南热带农业大学学报, 2007, 13 (4): 78-80.

[51] 徐秀英. 南方种植型家庭农场农机配置探讨 [J]. 现代农业装备, 2013 (5): 37-39.

[52] 曹兆熊. 江苏沿海滩涂种植业农机配备方案的探讨 [J]. 江苏农机化, 2010 (4): 49-52.

[53] 杨宛章. 定量优化农机装备结构的研究 [J]. 新疆农业科学, 2013, 50 (1): 189-193.

[54] 邓习树, 李自光. 基于价值工程的机械产品设计模式初探 [J]. 机械设计与制造工程, 2002, 31 (5): 89-90.

[55] 张宗毅, 曹光乔. 基于DEA成本效率模型的我国耕种农机装备结构优化研究 [J]. 农业技术经济, 2012 (2): 74-82.

[56] 樊国奇, 张富贵, 高知灵, 等. 不同生态环境烟叶生产全程机械化农

机配置研究 [J]. 中国农机化学报，2015，36（4）：314-316，324.

[57] 刘树鹏. 基于层析分析法的农机系统配套方案的决策研究 [J]. 科技传播，2011（5）：78-79.

[58] HUNT D. Farm Power and Machinery Management [M]. 4th ed. Iowa：University of Iowa Press，1964.

[59] 韩宽襟，冯云田，高焕文. 农机配备数学规划模型的迭代单纯形算法 [J]. 北京农业工程大学学报，1989，9（1）：1-8.

[60] EDWARDS W，BOEHLJE M. Machinery selection considering timeliness losses [J]. Transactions of the ASAE，1980，23（4）：810-815，821.

[61] TORO A D，HANSSON P A. Analysis of field machinery performance based on daily soil workability status using discrete event simulation or on average workday probability [J]. Agricultural Systems，2004，79：109-129.

[62] TORO A D，HANSSON P A. Machinery co-operatives：a case study in Sweden [J]. Biosystems Engineering，2004，87（1）：13-25.

[63] WHITSON R E，KAY R D，LEPORI W A，et al. Machinery and crop selection with weather risk [J]. Transactions of the ASAE，1981，24（2）：288-291，295.

[64] 张威，曹卫彬，李卫敏，等. 新疆兵团农场农机具配备的数学建模与优化研究 [J]. 农机化研究，2014（6）：70-72，93.

[65] 潘迪，陈聪. 基于整数线性规划的农机装备优化配置决策支持系统研究 [J]. 中国农机化学报，2013，34（2）：35-37，29.

[66] SOGAARD H T，SORENSEN C G. A model for optimal selection of machinery sizes within the farm machinery system [J]. Biosystems Engineering，2004，89（1）：13-28.

[67] 马力，王福林，吴昌友，等. 基于整数非线性规划的农机系统优化配备研究 [J]. 农机化研究，2010（8）：11-15.

[68] REET P，JÜRI R. Using a nonlinear stochastic model to schedule silage maize harvesting on Estonian farms [J]. Computers & Electronics in Agriculture，2014，107：89-96.

[69] CHENARBON H A，SAEID M，AKBAR A. Replacement age of agricultural tractor（MF285）in Varamin region（case study）[J]. Journal of American Science，2011，7（2）：674-678.

[70] 曹锐. 农机配备中适时作业期限合理延迟天数的确定方法 [J]. 东北农学院学报，1985（3）：81-88.

[71] 曹锐. 农机配备中适时作业期限合理延迟天数的确定方法 [J]. 农业机械学报, 1986 (1): 92-99.

[72] 王金武. 三江平原地区水稻收获期适时性损失的研究 [J]. 农业机械学报, 2004, 35 (2): 175-177.

[73] 王金武, 杨广林. 三江平原水稻插秧适时性研究 [J]. 东北农业大学学报, 2004, 35 (4): 472-475.

[74] 乔金友, 衣佳忠, 李传磊, 等. 农田作业期最佳分布问题研究 [J]. 东北农业大学学报, 2016, 47 (9): 72-76.

[75] SAHU R K, RAHEMAN H. A decision support system on matching and field performance prediction of tractor-implement system [J]. Computers & Electronics in Agriculture, 2008, 60: 76-86.

[76] 马力, 王帅, 王英, 等. 基于 WITNESS 的农场收获机器系统配备应用仿真研究 [J]. 东北农业大学学报, 2011, 42 (5): 58-62.

[77] 徐诗阳. 基于多 Agent 的农机系统控制模型与仿真研究 [D]. 哈尔滨: 东北农业大学, 2016.